Spica
Algorab
Gienah
HYDRA
Minkar
Alkes
Alphard
ANTLIA
Menkent
CENTAURUS
Omega
CRUX
Gacrux
VELA
Al Suhail
LUPUS
Mimosa
Markeb
PUPPIS
Hadar
Jewel Box
Acrux
Turels
Naos
Rigel Kentaurus
Suhail al-Muhlif
Avior
MUSCA
CARINA
Miaplacidus
TRIANGULUM AUSTRALIS
Atria
VOLANS
Canopus
Sargas
Large Magellanic Cloud
ARA
OCTANS
HYDRUS
Beta Pictoris
Wazn
DORADO
CIRCINUS
PAVO
47 Tucani
CORONA AUSTRALIS
Small Magellanic Cloud
Peacock
Achernar
TUCANA
Acamar
Alnair
GRUS
Ankaa
PHOENIX
PISCIS AUSTRINUS
Fomalhaut
SCULPTOR
CETUS
Skat

LOCUS

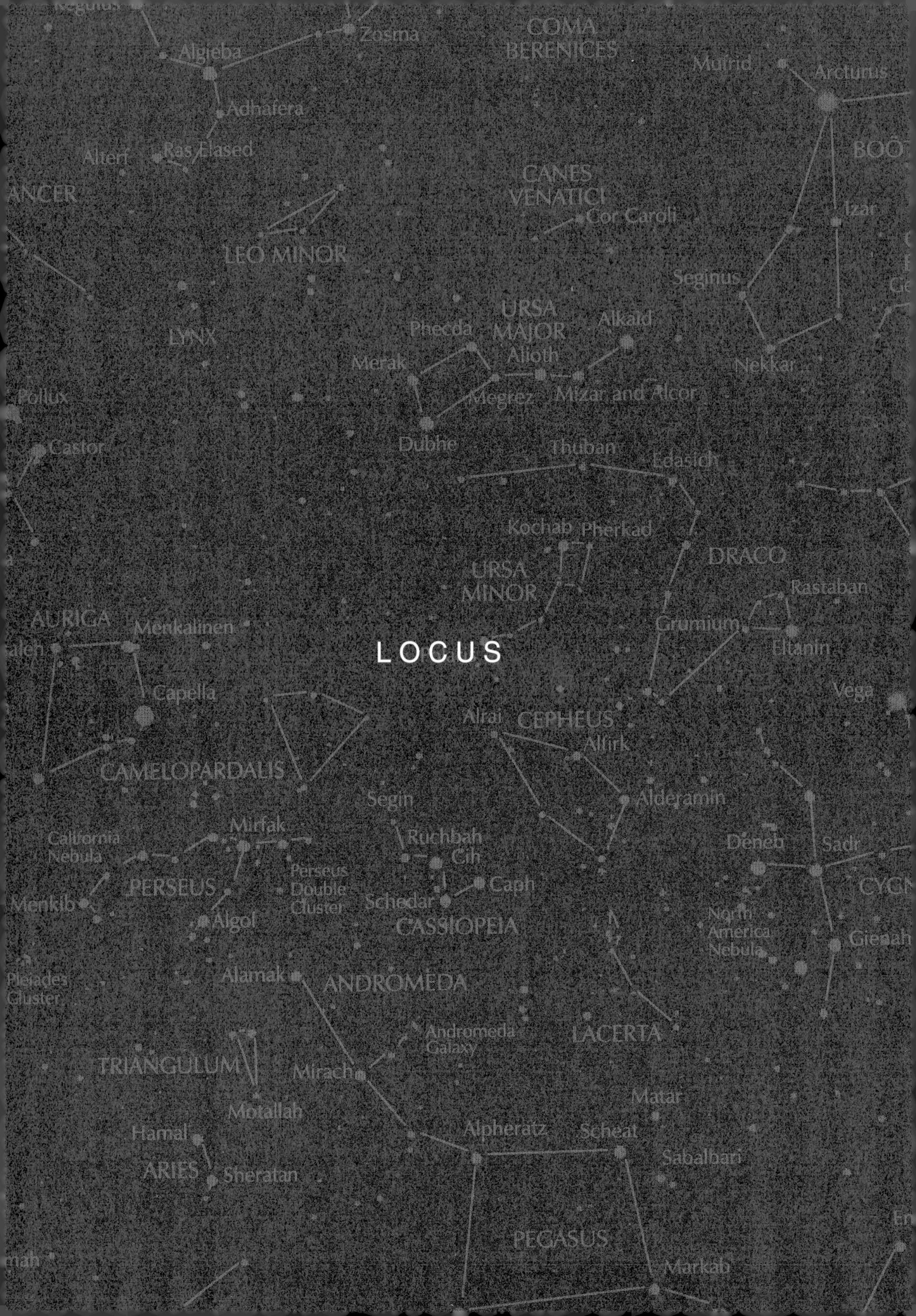
Zosma
COMA BERENICES
Algieba
Mufrid
Arcturus
Adhafera
Alterf
Ras Elased
BOÖ
ANCER
CANES VENATICI
Cor Caroli
Izar
LEO MINOR
Seginus
URSA MAJOR
Alkaid
Phecda
LYNX
Merak
Alioth
Nekkar
Pollux
Megrez
Mizar and Alcor
Castor
Dubhe
Thuban
Edasich
Kochab
Pherkad
DRACO
URSA MINOR
Rastaban
AURIGA
Menkalinen
Grumium
Eltanin
Capella
Vega
Alrai
CEPHEUS
Alfirk
CAMELOPARDALIS
Segin
Alderamin
Mirfak
California Nebula
Ruchbah
Cih
Deneb
Sadr
Perseus Double Cluster
PERSEUS
Caph
Schedar
Menkib
North America Nebula
Algol
CASSIOPEIA
Gienah
Pleiades Cluster
Alamak
ANDROMEDA
LACERTA
Andromeda Galaxy
TRIANGULUM
Mirach
Motallah
Matar
Hamal
Alpheratz
Scheat
Sabalbari
ARIES
Sheratan
PEGASUS
Markab

LOCUS

Spica
Algorab
Gienah
CORVUS
Minkar
Kraz
Alchiba
HYDRA
Alkes
Alphard
ANTLIA
Menkent
CENTAURUS
Omega
CRUX
Gacrux
LUPUS
Mimosa
Hadar
Jewel Box
Acrux
Rigel Kentaurus
VELA
Al Suhail
Markeb
PUPPIS
Naos
Turebi
Suhail al Muhlif
Avior
CARINA
Miaplacidus
MUSCA
TRIANGULUM AUSTRALIS
Atria
VOLANS
Canopus
Large Magellanic Cloud
Sargas
ARA
OCTANS
HYDRUS
Wazn
Beta Pictoris
DORADO
CIRCINUS
PAVO
47 Tucanae
Small Magellanic Cloud
CORONA AUSTRALIS
Peacock
Achernar
TUCANA
Acamar
Alnair
GRUS
Ankaa
PHOENIX
PISCIS AUSTRINUS
Fomalhaut
SCULPTOR
CETUS
Skat

LOCUS

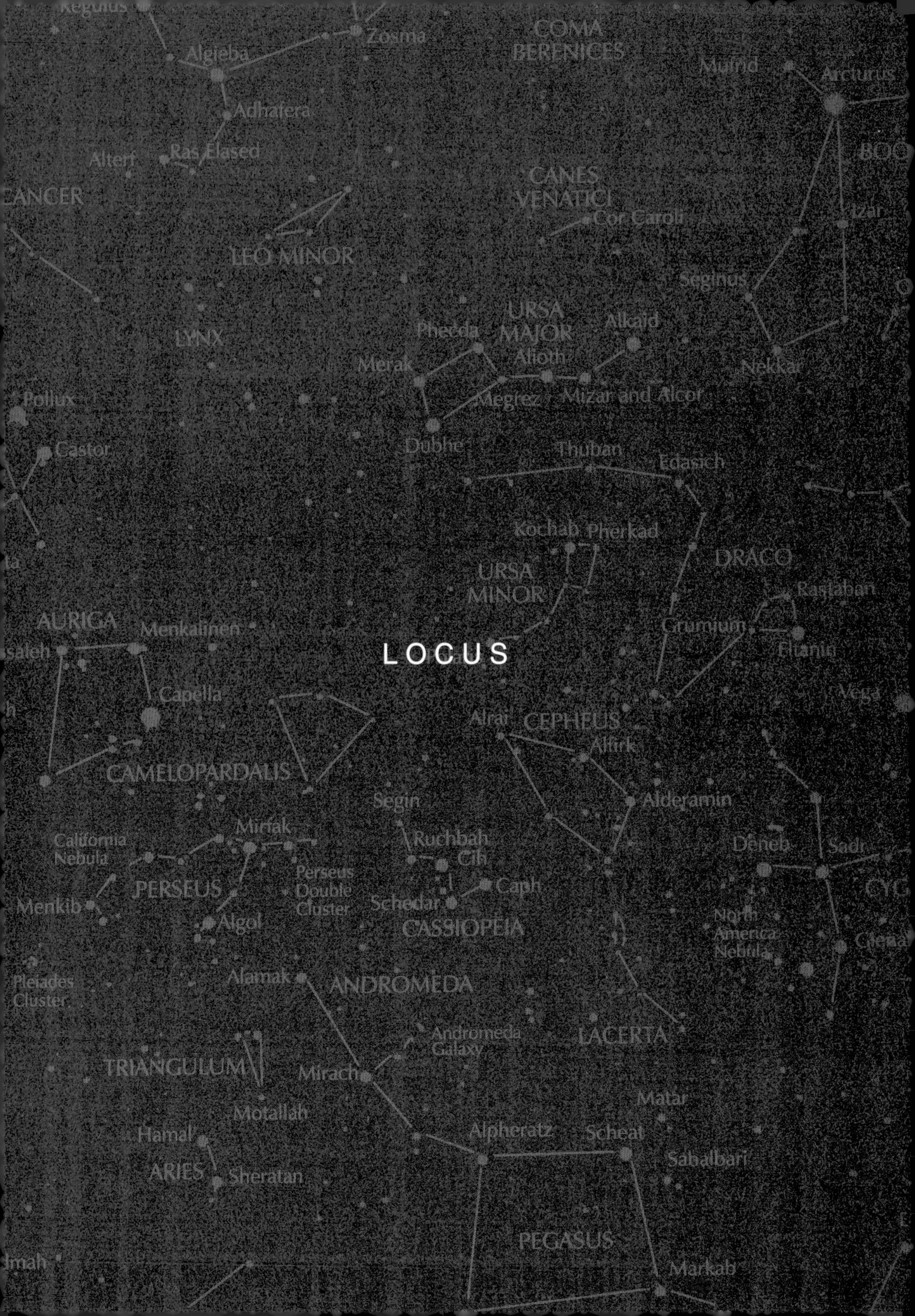
Regulus
Zosma
COMA BERENICES
Algieba
Muf rid
Arcturus
Adhafera
Alterf
Ras Elased
CANCER
CANES VENATICI
Cor Caroli
Izar
LEO MINOR
Seginus
URSA MAJOR
Alkaid
Pheeda
LYNX
Merak
Alioth
Nekkar
Pollux
Megrez
Mizar and Alcor
Castor
Dubhe
Thuban
Edasich
Kochab
Pherkad
DRACO
URSA MINOR
Rastaban
AURIGA
Menkalinen
Grumium
Eltanin
Capella
Vega
Alrai
CEPHEUS
Alfirk
CAMELOPARDALIS
Segin
Alderamin
Mirfak
California Nebula
Ruchbah
Deneb
Sadr
Cih
Perseus Double Cluster
PERSEUS
Caph
Menkib
Schedar
North America Nebula
Algol
CASSIOPEIA
Pleiades Cluster
Alamak
ANDROMEDA
Andromeda Galaxy
LACERTA
TRIANGULUM
Mirach
Motallah
Matar
Hamal
Alpheratz
Scheat
ARIES
Sheratan
Sadalbari
PEGASUS
Markab

LOCUS

Home *is where the heart is.*

home 01 回家真好

[作者] 歐陽應霽
[攝影] 包瑾健
[美術設計] 孫浚良，歐陽應霽
[設計製作] 馬千山
[責任編輯] 李惠貞
[法律顧問] 全理法律事務所董安丹律師
[出版者] 大塊文化出版股份有限公司
台北市105南京東路四段25號11樓
www.locuspublishing.com
讀者服務專線：0800-006689
[TEL] (02)87123898 [FAX] (02)87123897
[郵撥帳號] 18955675 [戶名] 大塊文化出版股份有限公司

[總經銷] 大和書報圖書股份有限公司 [地址] 台北縣三重市大智路139號
[TEL] (02)29818089（代表號）[FAX] (02)29883028 29813049
[製版] 瑞豐製版印刷股份有限公司
[初版一刷] 2002年12月
[初版六刷] 2005年11月
[定價] 新台幣350元
Printed in Taiwan

回家真好

Home, Chinese Home

歐陽應霽◎著

推薦說

我的家——客廳一定要簡單，東西要少，能有足夠空間去發呆。睡房要溫暖，才會有睡意。衣服不可攤一地，地上是屬於雜誌和書。廁所要連接臥房，以便裸體行走。廚房要超大，容許我做菜時製造出一切的混亂。但是櫃子和抽屜裡的用具要整齊，乾淨有秩序。

嘿！我覺得你已經開始了解我這個人了……

電影人　**張艾嘉**

生命的烏雲，旅途的風霜，都被排除在「家」外。

歐陽應霽是個冷中帶熱、簡中有繁的人，這可從他眼中所望出去的家之美感經驗嗅得。在這本書裡有許多人的「家」，家背後所牽引出的細線、性情，是某種對靜靜生活的嚮往，對時尚品味的堅持，對飾物情韻的流動……

作家　**鍾文音**

印象裡，歐陽應霽是一架文化穿梭機，穿梭在世界各地，在各種文化場域中；穿梭在文字與圖像交疊的創作裡。這一次他又穿梭在各種不同背景但同樣有趣的人家中。

家，是生活最大使用量的容器，個人日常習慣的祕密抽屜，歐陽應霽和他的賽車手攝影師Mr.包穿梭在各個有趣的家中，在一窺究竟後，以他慣有的優雅評寫出一篇篇精彩內容。作為一個不很熟卻頗欣賞他的朋友，細讀此書，感覺就像是他在面前滔滔不絕，逐一為你說明這所有般親切。

圖文作家　**紅膠囊**

一直非常喜歡歐陽應霽的文字。

喜歡的原因，除了那總是非常漂亮、一氣呵成酣暢淋漓的精彩文字功力外；最主要的，還是文字裡頭所始終流露的，對世界對生活的旺盛好奇與冒險與享樂欲望，以及對所有嶄新事物所一貫展現的，新鮮獨特的觀看角度、極度敏銳的洞察力與趣味盎然的詮釋方式。

而《回家真好》，可更是真真切切腳踏實地更進一步走入尋常百姓家裡，更進一步近窺這世界裡最平常卻也最實在最迷人的生活風景了。十八個人的家、十八種生活，從台北、香港，到上海與北京，身處於不同地域的華人們，秉著各自不同的堅持與追求，努力打造出自己的家、過自己想要過的生活。而從歐陽應霽的筆底下寫來，則除了準準洞見了，這十八個尋常人家裡不尋常的動人處，還連帶地反照出歐陽應霽自己，甚至是在這個繁亂人世裡始終無所為無所謂地奔忙著的你我，對於生活對於家的種種夢想與渴望。回家真好。生活真好。讀著這樣一本書，真好。

美食作家　**葉怡蘭**

空間是有記憶的，它清楚的刻劃著每個階段的習慣態度。家是有想法的，它大方的透露了主人的情緒氣質。我喜歡這個城市快速冷漠，想著人們回到家裡幸福聊賴熱情如火。歐陽應霽憑著對人和空間那股期待的能量，完成了尋常神秘幻想的有趣書本。「回家真好」，我也常常在想。

音樂人　**陳珊妮**

金窩、銀窩，比不上家裡的狗窩！這是我老母從小對我的開示，也是現在我對兩個孩子的提醒。狗窩的定義，就是不管別人的批評，只要自己在裡面自在、舒服就行，那種滿足，不但不足為外人道，如果有陌生人等接近，還要齜牙咧嘴一番。

現在，有機會窩在自己的窩，隨著作者的腳步和眼睛，到一些精采人物的金窩、銀窩登堂入室，並且可以邊挖鼻孔邊剔牙，真是件大快人心的事！

對了，有件事可要提醒大家：每個狗窩，都可能是別人眼裡的金窩、銀窩！而每個別人眼裡的金窩、銀窩，也可能是自己的狗窩！

資深廣告人　**孫大偉**

對一個從小到大已經搬過卅次家的我來說，家，總像是一個寄居的所在，就像我總是哲學性的相信，肉體是靈魂的暫時居所。對身體和家的敢愛敢恨，也就總有一種置身事外的簡單。

直到接受了歐陽的採訪，讀了歐陽的《回家真好》這本書，好像才對「家」這件事認真起來。原來，家居這件事從來不簡單，因為它是你所有潛意識的投射，書櫃和ＣＤ櫃裡有你所有思想、靈感的源頭；臥室裡是你母親在襁褓時期給你對顏色的喜好；浴室裡展露著你嗅覺的安全感；廚房裡的故事更精彩，它記載了你家族來自的區域，和你個人所有旅行的味覺記憶；家裡的每一個顏色、氣味、質感，就像我們耳朵的形狀、手指的長度一樣，來自一種基因的記憶。

你可以不斷的遷徙，但你的家一定有你獨特的氣味，讓你在回家後的第一口呼吸就身心自在。因為，它已經是你基因的一部分。

《ＥＬＬＥ》總編輯　**許心怡**

感覺好像和歐陽先生很熟。從日本頂尖男裝流行誌所刊載的漫畫，誠品敦南地下一樓的精品店dish，法國max雜誌介紹他製作的漫畫誌《甲由》，各種報章雜誌的專欄，推斷他喜歡時髦流行人事物，熱愛生活的所有細節，享受高低科技的特質，作品呈現方式多樣化。有趣的party場合，幾乎少不了他。腦海中浮出來的印象，是友善的微笑模樣，這是城市流行文化的符號，歐陽先生所專屬。

漫畫家　**阿推**

序

家是心之所安

好像已經很久沒有回家了——

應該是有家可歸的我，不知道從哪一天開始相信了四海為家的飄泊的美麗，開始了家在背包裡的日常生活，早晚趕車趕船，偶爾因為誤點被迫睡在某機場某個只有門沒有窗的小房間，不知日夜。然而飛來飛去並不累，因為始終有種冀盼有個目的；抵步著陸腳踏實地推門進去，面前是一眾精彩的朋友以及她們他們的厲害的家。

離家出走為了走進別人家裡，是刻意給自己開的玩笑吧。太清楚自己會在自家舒適的家居環境裡耽於逸樂慵懶，所以大膽「解散」自己的家，去認識了解別家的面貌和可能。

新朋舊友，兩岸三地，同一天空下的當代中國人，有著種種有同有異的家居風景。每一回造訪的經驗都是興奮愉快的；有意想不到的話題，有眼前一亮的發現，每個家都是一種創作，有的輕描淡寫素靜優雅，有的粗獷揮灑磊落大氣，一個花了心思時間為自己仔細構建的家居生活空間，其實就是設計者自己。

曾經不自量力的跑回學校，企圖從學術的理論的角度與邏輯去研究分析「家」這個大題目，可是自開課第一天起，就發覺沒法安靜坐下來好好做學問。也正因如此，就有藉口田野調查，開始了這數年來未間斷的家訪動作——在他的家裡喝了一瓶很好的紅酒，在她的書櫃裡看到一幅叫人動容的照片，跟他聊起他畫的畫他忽然哭了，她興高采烈的驕傲的展示那滿院的繽紛……每個人都是家的專家，因為有執著有付出有悲有喜，因為都認真的熱愛生活。

家是一鋪床，一張沙發，一盞燈；家是一個布偶，一張照片，一個水杯。家是空間格局的安排，光影氣氛的調協，家是人和人的關係，家是身體的歸宿精神的寄託，縱使你認定家在溫暖室內，我依然偏執家在曲折路上，說到底，家是心之所安，心安理得，大家應該快樂。

好像已經很久沒有回家，又好像一直都在家裡。

應霽　二〇〇二年十一月

住在自在
14-21

歷史在活
38-45

時空極樂
62-69

輕重冷熱
86-93

閒得任性
110-117

莫忘莫失
134-141

酒醒何處?
70-77

城市山林
46-53

微笑拈花
22-2

廚房舞台
142-149

好好生活
118-125

始終簡約
94-101

住在自在

推門進去，就是有那種強烈的回家的自在的感覺——回到理想中的概念的家，家的精準，家的紀律，家的顏色與質材，家的氣味與聲音，家的冷暖與輕重……。

走進他的家去再一次認識他，還是不折不扣的他。Stanley黃炳培，香港資深的廣告創作人、導演、攝影師、裝置藝術家……，一連串頭銜沒什麼大意義，也是面前的他的家最能代表他。說到底，有家如此，是因為他的堅持。

家裡沒有衣櫥、書櫃、酒櫃與雜物櫃之分，
全都是間格分明劃一的辦公室鋼櫃。

不是人住

有人會這樣跟他說：「Stanley，你的家太厲害，不是人住的。」為了這一句話，他想得很深很遠，我倒是願意第一時間跑出來替他辯護。

引來這樣半認真半玩笑的評語，其實也不足為怪，是因為太多人確實不怎麼在意究竟什麼才是自己真正的喜惡，得過且過隨便應付，住在人家設定的空間裡也無所謂——這是Stanley絕不能接受的。他要求的是九十九分準確，一分是熱脹冷縮的呼吸位。

他要求每項細節配合都平衡都有自己的位置，每件擺飾每張照片每幅珍藏的藝術品的出現都有原因都有故事。他倒沒有刻意去強調這裡是什麼設計風格，簡約不是他拿出來炫耀的漂亮流行術語。

相對的這裡有的是多元開放，容得下多年累積的訓練來的國際品味，所以這裡有來自埃及的一枚砲彈殼改裝成的花瓶；來自山西平民舊宅的一塊門板；來自義大利傳統精細手工的一床素白絲麻混紡床單，大氣中浮著的樂音是他剛從聖彼得堡買回來的俄羅斯東正教堂男聲聖詩合唱，還有燃點起檯頭蠟燭有高山密林的沉實厚重的暗香。

Stanley的要求其實很複雜也很簡單，絕不是那種什麼都要頂尖、要最好的狂妄。

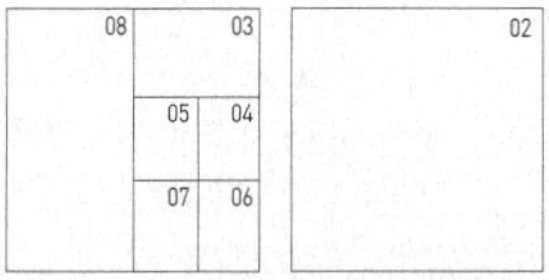

02 一進門就進入他創作的空間裡，一几一椅一花一木都細緻安放，平衡適意，窗外更把大半個九龍半島和香港島盡收眼底。

03 無數值得驕傲的廣告創作大獎在黃炳培房子裡完全不見蹤影，放得下是因為心裡擁有更多的自在。

04 如何收如何放——收藏和擺放都是計較的學問，器物的大小比例，質材的統一與對比……。

05 一張伴著走過不少日子的大師早期經典，已經完全融入生活。

06 回憶美好回憶跳躍，感情又可否收放自如？

07 奉行省電的Stanley大抵常常點蠟燭———也泰半為了蠟滴的不規則的美。

08 廣告人最懂得也就是分分秒秒處處都是情是景。

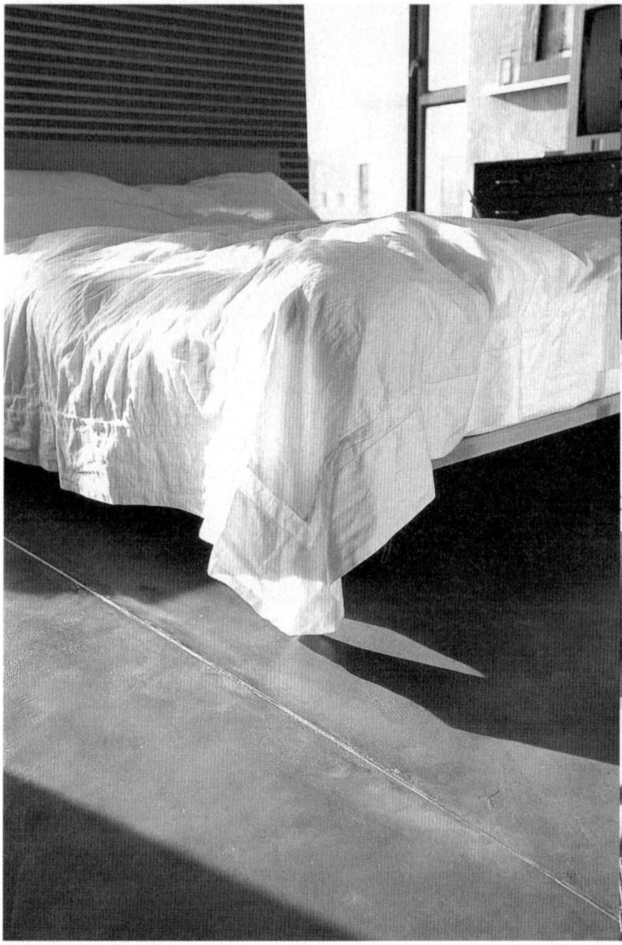

人家眼裡微不足道的一塊枯樹葉，他奉為上天恩賜，某某大師設計的一張經典單椅，他就是沒有感覺。一個屬於自己的家，完全就看怎樣忠於自己的去搭配組織。如果說當中有那麼一點學問的話，還是看自己對自己認識瞭解有多深。

思想空間

Stanley的家沒有沙發，那種最能代表家的溫暖、家的舒服的、叫人閒逸、叫人心安的沙發。

取而代之，他以一組鋼枝焊合的底座承托起一塊原木古老門板，設計成沒有靠背的長板凳，放在進門大廳的中心位置，是椅也是桌。忙碌得經常在地球這端那端飛來飛去的他，竟然在這上面一坐就是個把小時，沒有依傍，就靠自己。

「舒服不是我的第一選擇」，他忽然認真得有點嚴肅，「我並不把家當作一個純粹休息放鬆的地方，我希望我的周圍都是可以啟發思維、刺激想像的物件，有一個讓思想隨時發動的環境跟氣氛。」

這完全就可以明白理解為什麼Stanley把三十多坪的一個空間劃分為三個區：一進門是一個比畫廊更像畫廊的、可以站或者坐的空間，往內進是一舖四周圍依然團團圍滿繪畫和攝影的收藏品的床，盡頭那端放了一張同時是工作桌面和飯桌的玻璃桌，四壁層疊放滿掛滿也是鍾

愛的作品。

一條長廊就簡單的把三個間隔連起來，左側分別有廚房、儲物房和衛浴室。其實，室內的空間間隔本來就不應有死硬規定，一個人住就更可以按個人需要肆意安排。

實用這兩個字是Stanley一直掛在口邊的，一切日常應用的，甚至看來只是擺設的，都要在一個practically ready隨時可用的狀態上。這也不難解釋為什麼他對各種格式的儲物鋼櫃如此迷戀，以致家裡有七、八組不同大小不同用途的、度身訂造的抽屜式的拉門式的儲物鋼櫃，為這個私人空間徒增了辦公室的感覺。其實一個積極如他的創作人，隨時在最佳狀態根本就是平常。

至於那用清水混凝土和上顏料塗抹出的地板和牆壁，就是Stanley多年願望的一次實踐。還滿意嗎?唔，牆壁的效果還可以，地板看來還是差那麼一點點……。

明暗以外

到過Stanley他家當然不只一次，還記得第一回是個冬天的晚上，沒有安裝任何天花照明的這裡，全屋暗暗的，只有檯燈地燈形成一區一區的光。有一回是個大霧的傍晚，一屋都籠罩在灰濛濛當中。這回是個大好晴天，光線在屋內直射反射折射活潑亂竄，鉅細無遺，一室看得

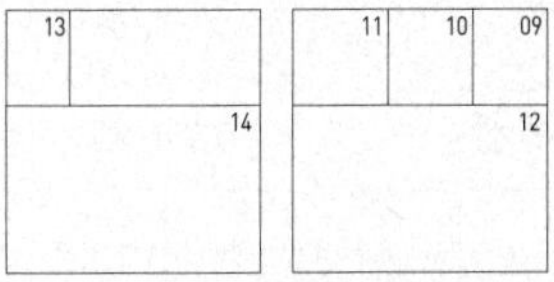

09+10 物料的質感觸覺，顏色的微細變化，形狀比例的關係，生活可以隨意也值得刁鑽。

11 自家設計的一個燈光裝置。

12 安排在室內最終端是一個把飯廳和工作室結合的空間。

13 衛浴室大抵也是整個家裡最酷的一角。

14 雖然睡得少，就更要睡得好。

更加清楚也更加感動。難得身邊好友在以百倍精神時間投入工作的同時，也不遺餘力的「顧家」。

我們挺著腰桿正直的坐在木板凳上天南地北談得興起，不要見怪，我們口沫橫飛的討論我們未來的家——我們實在憂心有天離開這個世界的時候，會給放進一個怎樣的盒子？我們還是得趕快動動腦設計一下。

就讓陽光投影也來參與這個空間的創作。

尺寸有緣

他喜歡尺，他的知心友好都知道。各地搜集的新的舊的長的短的軟的硬的都有，大家每趟還是興致勃勃的聽他說尺的故事。

「那回到非洲拍外景，當地創作人員知道我一直在蒐集各地的尺，自然也不能少了非洲傳統的古老的。過了幾天他們跑回來告訴我：對不起，我們本來就沒有尺，先輩們織出一疋布就纏裹在身上，蓋房子也是就地取材用泥板用石頭，根本就不需要尺這種工具。」

Stanley確實為蒐集不到非洲的尺而失望，但卻同時得到很大的啟迪：所謂尺度，原來不是放諸四海皆準。但作為一個創作人，既要有自由想像隨心順意創造的能力，也要有紀律有制度，去同時控制時間分配和創作質量，尺度這個存在，也就是一個量度大家共識以利互動溝通的工具。

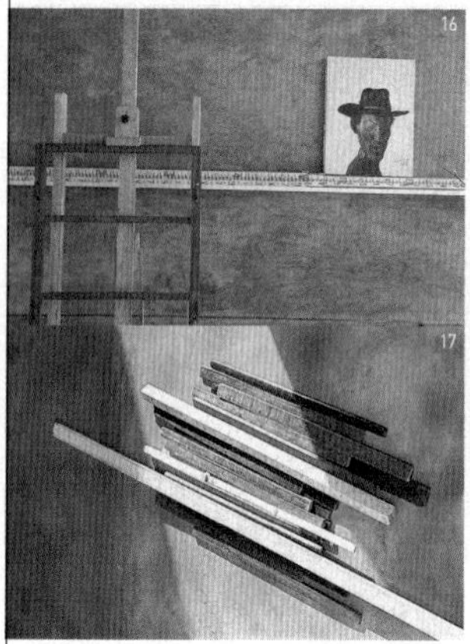

16 特意從英國訂製回來的畫室畫架，配上地攤撿來的舊木框——未完成的畫玩的是虛實的遊戲。

17 跟尺有緣，也從尺裡讀出不一般的體會。

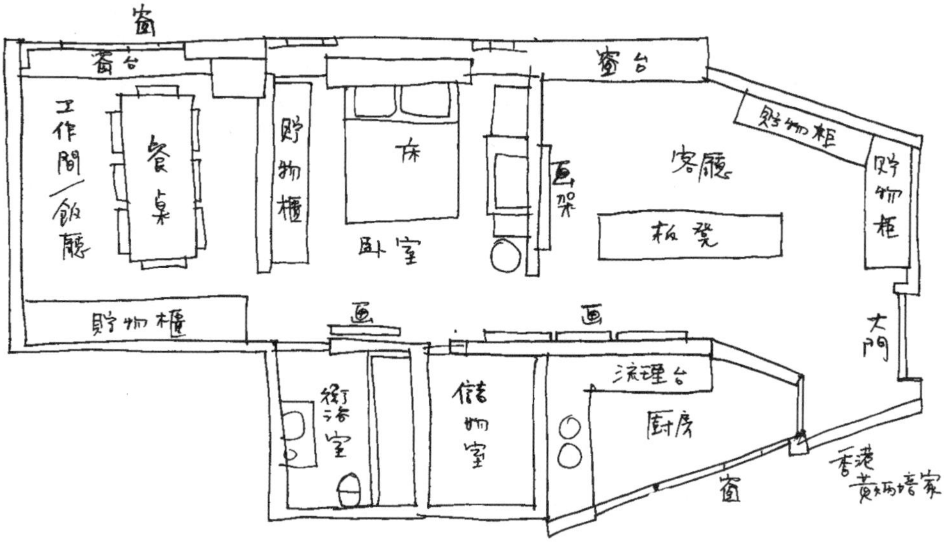

吸收能量

身邊有尺，心中有分寸，他就更清楚的去蒐尋珍藏鍾愛的繪畫和攝影作品，最新的有面前兩張日本攝影師荒木經惟的原作以及香港傳奇素人塗鴉書法家曾灶財的親筆作品。幾經轉折聯絡上曾老先生，更把水泥板搬到他的小的亂的難以想像的家，曾老常常被外界認為是個瘋子，可是Stanley卻親睹他創作的時候完全清醒專注，也許最難得也最震撼的是那種我行我素，專注堅持在個人的宇宙裡肆意發揮，數十年如一日。

深信珍藏的不只是一張畫、一件雕塑或者一幅攝影，當中吸收體會到的是這些各領風騷的創作人的創意能量和精神，喜歡就是喜歡更有啟發得著，激勵自己一步一步在創作路上往前走。

18 叫人心馳神往的是不同藝術家創作者的想像空間和私密世界。

19 傳奇素人藝術家曾灶財的塗鴉墨寶。

20 通往內進間隔的走廊，也是名符其實的畫廊。

微笑拈花

忽然有個衝動，我要記下面前看見的種種開得燦爛的，或是將開未開的繁花的名字——

這是天竺葵，鳳仙花，粉紅的是鳥蘭杜鵑，這邊是小繡球，細葉杜鵑，牽牛花，這一株是櫻花，這是蒲葵，還有那邊是白花天堂鳥，文竹和羽竹，過來看，這小盆裡的是薄荷，是薰衣草……

栽花要用心，生活理念的實踐。

李慧秋微笑著，緩緩的引領我這個有點貪心急躁的訪客，走進這六年來在她的悉心栽培經營下叫路過朋友都驚訝羨慕的自家花園，不要焦急，花呀草呀都好好的在，端上沏好的茶，還有一盤鮮嫩嬌紅的小蕃茄，我們在花園裡桂花樹下，趁陽光還好，坐坐聊聊天——

哎，有蚊子，我這個最誘蚊的熱血中年，不到一回兒就撫擦著紅紅腫腫的雙臂，苦笑央求要進屋內。當然我知道，有花有草就有蚊子，是自然不過的事，正如剛才慧秋告訴我，她最近患的一場小感冒，想不到有幾天病的累的不能出門，該病的時候也得讓它好好的病一場，她坦然的說，病了，就更有藉口靜靜的待在家裡。

有容乃大

能夠安靜的待在這棟素雅潔淨的兩層小房子裡，相信是每一個來訪的友人打從心底裡願意的。我跟慧秋說我嘗試不貪心，只想常常有空過來喝茶，燒菜做飯。天母巷弄裡兜兜轉轉，走罷小坡路拾級而上，竟然有叫人驚喜的這一幢三十多年樓齡的老房子，洗石子外牆，小花園工工整整，慧秋搬進來的時候，園內只有一棵桂花樹，是她一手把鍾愛的各種植物，花了不知多少精神時間慢慢的重新栽培起來。花園露天放了好些木頭舊桌椅，日曬雨淋已經成為「植物」景觀的一部份。

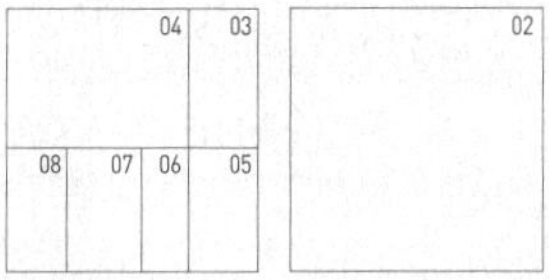

02 有緣住進小小的二層樓，空間的運用就必須更靈活有趣。

03 一身乾淨俐落，言談間既溫柔細緻又硬朗爽直，李慧秋很清楚她過去的現在的以及未來的一步一步。

04 相對花園的活潑熱鬧，進門後最能體會寧靜優雅。

05 花開燦爛，喜樂何止一剎。

06 選擇燈飾就像選擇雕塑一樣，造型，質材都得好好考量。

07 愛這裡挑高的樓底，工作室裡想像縱橫無阻。

08 案頭面前靜下來好好研讀經卷，思索感受。

進屋的門前加添了紅磚的隔屏，先來一點隱蔽，更叫進門後一室素白的牆，門和窗框，叫人舒服歡喜。把原來老房子幾處封閉的空間稍作修改。現在的一樓一端是工作室，另一端是廚房和餐廳，二樓是起居客廳，臥室和衛浴間。房子不大，沿牆的矮櫃，窗台和走道上都整齊有序的放了不少書畫，佛經佛像，盆栽和乾花草和家居日常器物親密的在一起，格外溫暖。加上從早到晚，陽光都會在這幢坐北朝南的房子裡神奇的遊走，種種投射的光線更叫這空間畫面豐富多變，儼如一個室內的光影花園。

二樓的小小陽台上可俯視可遠望，令我更立體的感受花樹環繞的愉悅，原來在鬧市中要覓得要守住這一方淨土，也不是一種幻想。樓上起居空間是席地而坐抱膝談心的好地方，摯友相贈的書畫收藏陳設，叫這裡流溢著美好的感情回憶。臥室中大量布料的巧妙配搭運用，自然呈現女性的細緻溫柔，而衛浴間選的水泥灰牆，素白牆身及原木細部組件的結合，卻又表現了慧秋乾淨俐落的爽快性情。

似乎不必多問慧秋為什麼這裡會放一盆花那裡會掛一幅畫，因為她的家裡面前都叫人舒服自然，彷彿從來就是這樣，本就應該如此，這是任何一本所謂室內設計入門的專著都無法盡說清楚的道理。

人來人往

想起初次認識慧秋，原來已經是許多年前的事。探訪過她的舊居，尋常社區巷里口也是有一個意想不到的小花園，屋內鋪的是典型鄉下用的紅磚地，一室也是清清爽爽，養著不少的蘭，份外典雅。

生活本來就是一種累積，打從當年的國立藝術學院國畫系畢業，慧秋先後經營過民藝品店，古董店，畫廊畫室，餐廳，然後正式涉足室內設計專業。看來身份是不斷的轉換，但其實一直都沒有離開踏實的生活，一直關心的都是身邊來來往往的人。

經營一個店，最重要的是怎樣和走進來的陌生的和熟悉的「顧客」成為朋友，有溝通有互動，讓大家都了解都認同你的選擇你的看法。經營畫廊畫室，都希望大家能夠在一個藝術的氛圍裡更肯定自己對生活對美的追求，經營一個餐廳，就是要讓進來的人都吃得好吃得飽（而且又便宜！）尤其後來從事室內設計，處理的更是人的日常生活空間的規劃應用以及生活素質的提高。慧秋笑說自己就像個診斷師，每次都花很多很多時間仔細了解人家的為人性格生活習慣，真正互相認識交心，也只有通過這樣的過程，才能真正為對方著想，設計出真正適合人家生活的空間細節，多年下來很多客戶朋友也就變成家人一般親密，同步學習如何生活是一件最叫人愉快的事。

09 刷白的窗框，髹白的窗台儲物櫃，讓心愛的植物好好成為主角。

10 通往二樓的梯間小空間，陳設了學佛途上的一些收藏。

11 二樓的起居室，席地而坐促膝談心。

12 潔淨身心的空間從物料到顏色到環境氛圍都得細緻配合。

13 臥室的素靜磊落，完全體現主人對生活的理解對自己的要求。

隨緣生活

做人的滿足來自能夠幫助人。慧秋從來都這樣理解自己的生活，工作，或者說，事業。也正因如此，日常的取捨選擇也有了目標和方向。在乎的介意的甚至不是花園的花長得好不好看，牆刷得白不白，櫥櫃裡的杯盆碗碟是否配襯成套——能夠有要求有水準自然好，但一切也是隨緣，也能收能放，也不必執著。沒有了我執才能更為他人著想，更能完成幫助人的事業。慧秋近年有緣學佛，開始嘗試把日常生活的一些行為細節結合到佛理層次的思考，為求的是一切自然有如呼吸：在這素淨的小屋裡我們有幸呼吸到桂花的香氣，身邊有陽光的四時舞動，生命是如此美好有趣，我們怎能不好好感激，尊重。

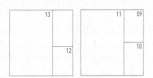

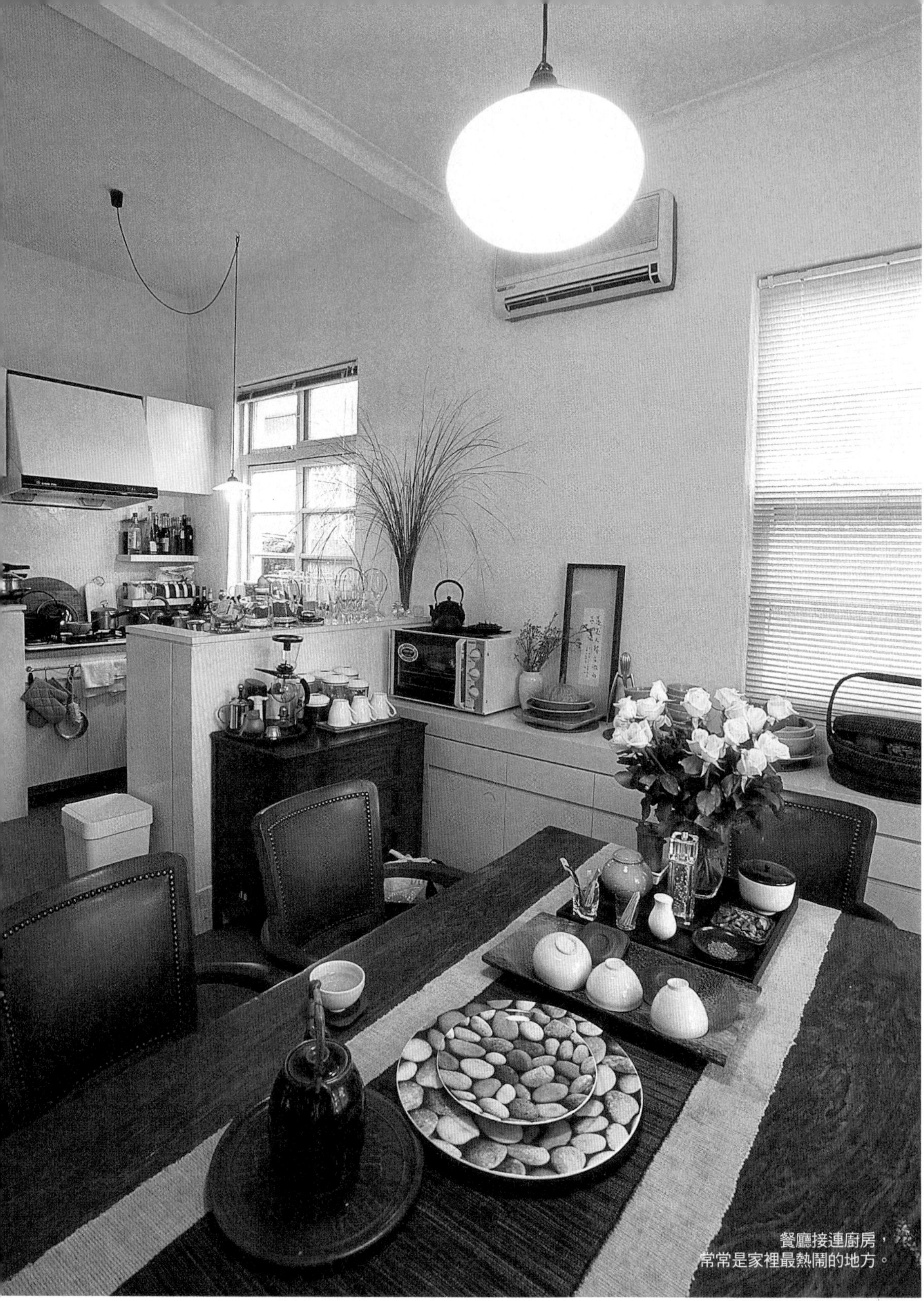

餐廳接連廚房，
常常是家裡最熱鬧的地方。

感性花園

從來沒有像這趟的被一個小小花園感動過，是那晚春的生氣蓬勃的各種的綠？是雨後氤氳水氣的包圍縈繞？是那沁入心肺的花香草香？我想是因為傾注在這園子以及屋裡的各種植物上的心血與時間，以及其重重疊疊的象徵意義，最叫人感動。

不想簡單的就把慧秋稱作一個愛花惜花之人，因為愛花惜花都是可以用錢買的。我願意稱她為栽花人，因為栽花有付出有努力，也得承擔花開得不好，有暴風雨有蟲害的失望痛心，當然，眼見花開燦爛，這就是一般路過的人不能感受到的喜樂。

15 花園一隅，是露天喝茶閒聊的好角落。
16 栽花人自有栽花的快活。
17 理性的計劃，感性的生活，求的是持續的和諧平衡。
18 樓高兩層的小公寓，洗石子外牆，失修花園的重新鋪置石地，也悉心栽培各式植物。

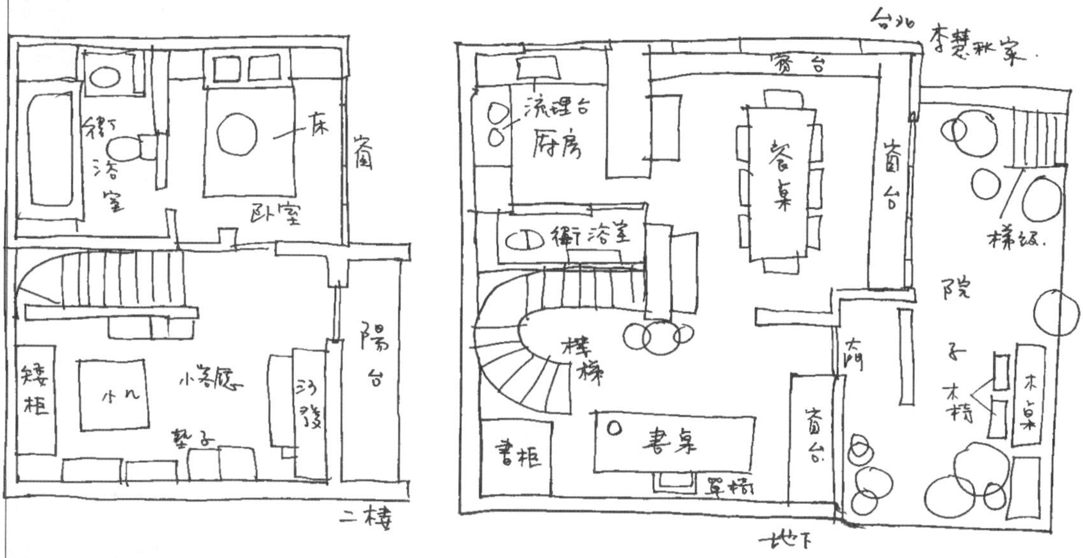

母性廚房

最愛到朋友家燒菜做飯，興致高的時候主動下廚逞強，累的懶的時候就乖乖的等主人心情好，準備就緒，來來來，吃點喝點簡單東西，慧秋如是說。

把廚房安排在家裡一個重要位置，我想是慧秋的一個母性的選擇。把餐廳跟廚房連在一起，就更加是「早有預謀」的一個快樂主意。

好幾回在她家吃的便餐，都是有機食物的健康配搭。這當然也是她的明白不過的生活態度：從自己的身體小宇宙到外在大世界，裡裡外外都得爭取自然平衡協調配合，如此生活，才有趣。

19 天黑天亮，家裡都需要一個快樂廚房。
20 開放式廚房重視器物安排擺放的秩序。

居於原始

走進劉正剛在北京城郊草場地的家，很直接，腦海裡出現的是原始兩個字。

原，始，原始，可以是分別兩個獨立的字，也可以是連結在一起的一個詞。原原本本的，沒有保留的，一切就在眼前，之前聽聞的傳說的，此時此刻真正認識真正體驗，一切剛開始。

挑高達四米的工作室，天馬行空的創作空間。

自在的原始

不亂兜圈不搞神秘，星期天早上九點鐘，室外攝氏零度叫人十分清醒，室內該暖和一點點，陽光開始從門側大窗投射進來，乾淨明亮。

劉正剛是藝術家，是建築設計師，是一個十分安靜，十分原始的人。蓄著山羊鬍子的他並非原始如北京猿人來自周口店，他的老家在甘肅蘭州。面前我站立之處也不是洞穴入口，雖然我覺得他對那古遠的荒山深處的原始人的穴居野處肯定有好奇有想像。

他自己設計自己統籌建築的房子，當然也由他自己包辦室內的設計規劃，完全完整的，就是他的美學標準，他的藝術觀，他的生活態度。走進來，在這個偌大的家居空間裡開始分分寸寸的凝視椿椿件件的瀏覽，一如閱讀他的掌紋。

在面前出現的是偌大的一個空間，一般人就會簡單的把它叫作倉庫了。空空蕩蕩的正中有一張厚重底座卻又疏織著天然纖維面板的榻床，幾把傳統官帽椅就在兩側，再過去是一組方桌配籐椅，一個修長的櫸木衣櫥，另一端平頭矮案上放影音設備，也許我們可以把這個空間稱作客廳。客廳的右側有一個坦蕩得可以的廚房，牆壁鋪上的小方格瓷磚井然有序像描圖紙，自有一種紀律。

02	自行設計營造的房子，實現了理想建築了夢。
03	安靜從容的劉正剛在跟愛犬玩耍的時候最輕鬆活潑。
04	高近三米的客廳樓底，無論留有磚面或是經過批盪的牆身一概刷白，水泥地只刷清漆，素淨顏色接近心目中的本源。
05	進門處的落地大窗是客廳自然光源所在，陽光充沛一室明亮。
06	明式傢俱的精巧簡潔，啟發了當今重返簡約的思考。
07	抽象的藝術概念落實到日常的作息生活，考驗的是修養和功力。
08	房間裡的古代壓經文石，天然紋理各自有生命歷史。

長長客廳的終端進去是更開闊的工作室，四米多高，貼牆倚放的是劉正剛自家的色彩創作，夾樺頭書案上整齊的疊放著參考書刊，檔案櫃拉開原來都是豐富的古物藏品，主動給自己安排的如此空曠，創作時候就更無拘無束，自由自在。

捧著剛煮好的香濃的咖啡，正剛跟我們再上一層樓。樓梯靠著大門不遠，清水混凝土簡單不過一如工地未完成，牆身整幅是粗拙質樸的紅磚，陽光投影在上面緩慢遊移，出奇的好看。上樓眼前再一亮，如人高的綠樹盆栽旁邊是籐編躺椅，安逸愉快。通過走廊內進，先後是電腦工作室和客人臥室，一樣的乾淨俐落；刷白的四壁，清漆的水泥地，壓經文的古老石板一列如裝置，自家設計的可輕易拆運的造型簡潔木板臥床，兩把籐編的木椅以質感攝人，就是這樣，沒有任何多餘的累贅的——

最後也最叫人佇足的，是這裡的主人臥室。經過走廊的另一組檔案櫃，步上幾級樓梯，推門進去面前是完全空曠的一個空間，右邊一列十個窗是自然光源，正面牆邊一舖床一盞地燈一張地毯，如此而已，簡單卻震撼。能夠為自己爭取這個空間，能夠近乎奢侈把一切減至極限，其實也是用行動實踐及驗證了一個事實，我們在臥室裡睡過去醒過來，我們需要的也的確就是一舖床一盞燈。

09 通往二樓的梯間，一整片牆就讓紅磚以原始質感外露。

10 家中的古文物收藏，不經意卻很到位。

11 開放式廚房是最功能性的安排，浮水花瓣是偶然的驚艷。

12 走廊通道的一組檔案櫃，結實有力顯示貯物功能的同時也成為裝置的一種。

13 暈黃的燈光照在古老石雕上，散發濃厚歷史光華。

14~17 承先啟後繼往開來，細味身邊收藏，閱讀古今智慧，吸收消化發揚光大，作為一個藝術創作者，劉正剛早已胸有成竹。

18 眼前一亮是不一樣的優雅和閒逸。

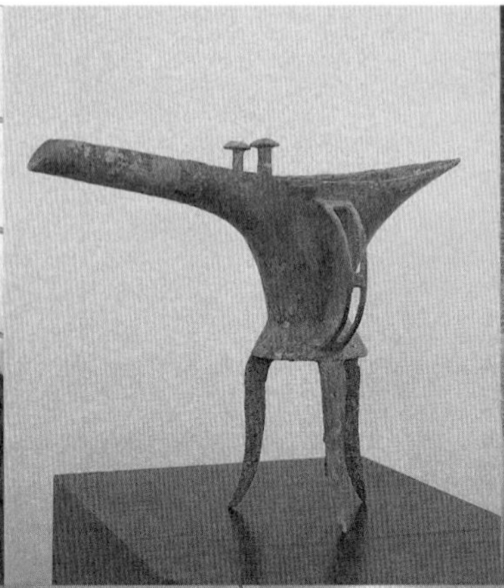

簡約非時尚

時尚流行簡約：黑，白，灰，以及那深淺厚薄冷暖不一的泥土色植物色，線條俐落的形體，不加打磨的質材。從平淡實在的開始，久經業界和媒體反覆炒作，已經變成是商業營運行銷的某一種較有勝算的手法，為一眾在潮流遊戲中迷惘浮沉的消費者，提供一條簡易的出路，稍稍撫平大家的忐忑。

生活在樁樁件件商業掛帥的今天，身處其中的我們如何能夠保持清醒？如何自覺自己的追求和喜好是有多一點個人的私密的體會？這大抵也不必是強求自己跟旁人一定有什麼很大的不同，也許是可以互相參照鼓勵，一同向一個理想境界前行。身邊正剛這個態度明白理念清晰的家，很能感受到他與身邊理想夥伴如何以身作則，把藝術理念融合到日常生活中，活在自己創作的空間，顏色，形體，質材和氣氛當中。這種堅持這種執著，也就是向自己以及來者反覆提出一個最簡單也最複雜的問題：我們需要怎樣的生活？

或者可以問得更直接：你喜歡這樣空蕩蕩嗎？冬天會不會太冷？從這一端走到那一端會累嗎？打掃會困難嗎？可以請朋友來開舞會嗎？可以在客廳打球嗎？盡量提出問題，肯定每個人也有不同的答案，生活才活潑才有趣，所謂簡約才不會又變成嚴肅的刻板的教條公式，簡

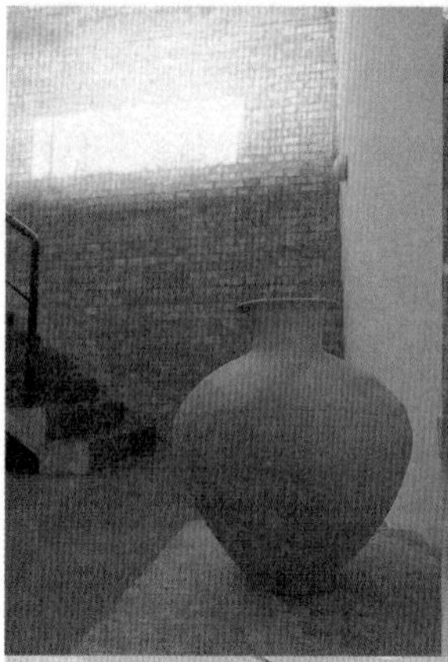

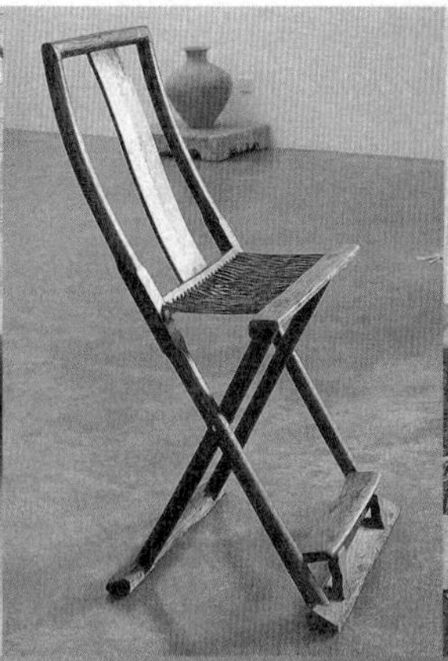

約的精神在於返樸歸真之後為自己爭取到最大的彈性和可能性，這裡貼近原始的空間，就有了精神上和實際上的作用和意義。

偌大的空間，置放著最實際的功能的生活必需，也陳列了最觸動心靈的古老木傢俱，宋白石橋柱，北齊的佛身，紅山文化時期的打製磨製石器，細泥彩陶划紋粗陶，這些先民的生活中的精神上的智慧結晶，正好就為活在今世的我們作了必要提點參照，從當年到今日，人是如此渺小也如此偉大，我們是在進步還是退步？物質越來越豐富換來的為什麼是精神越來越貧乏？這裡是個生活的空間，也是個思考的空間。

原，是源的古字，溯流而上，我們總希望找到萬事萬物之始。在這個思考尋覓的過程中，我們工作我們玩樂，我們在生活中有棄有取，發現未知創造有限無限空間，居於原始，相信劉正剛最懂得當中的快樂。

開放的空間，讓思緒自由流動。

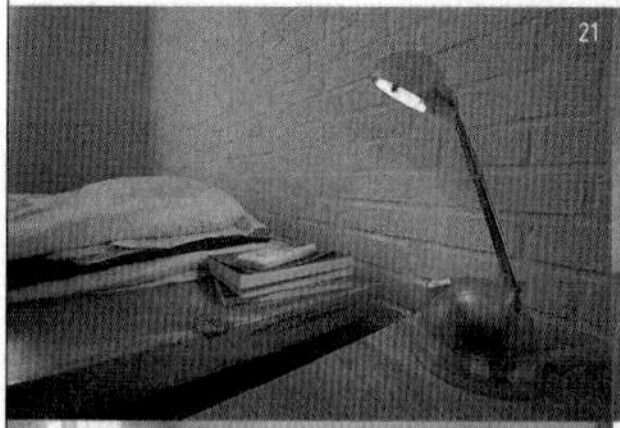

20　並不為震撼而震撼，主人臥室是簡約理念的極致。

21　見微知著，生活細節中就連一盞檯燈的選擇也透露著喜好與堅持。

22　最簡單的一舖床有最巧妙的榫卯，裝拆自如。

一床走天涯

有點難開口叫正剛選一件家裡的最愛，因為知道這麼準確嚴格的他早已經千刪萬選，室內處處種種都有細密心思。後來走進臥室看到他自己設計的一舖紅松木的床，其實也就是幾塊木板靠底座的榫卯鎖定成形，隨時裝拆搬動，頗有一床走天下，四海為家的意味。

嘗試把大床挪移一下，嘿，現實也挺沉重的。

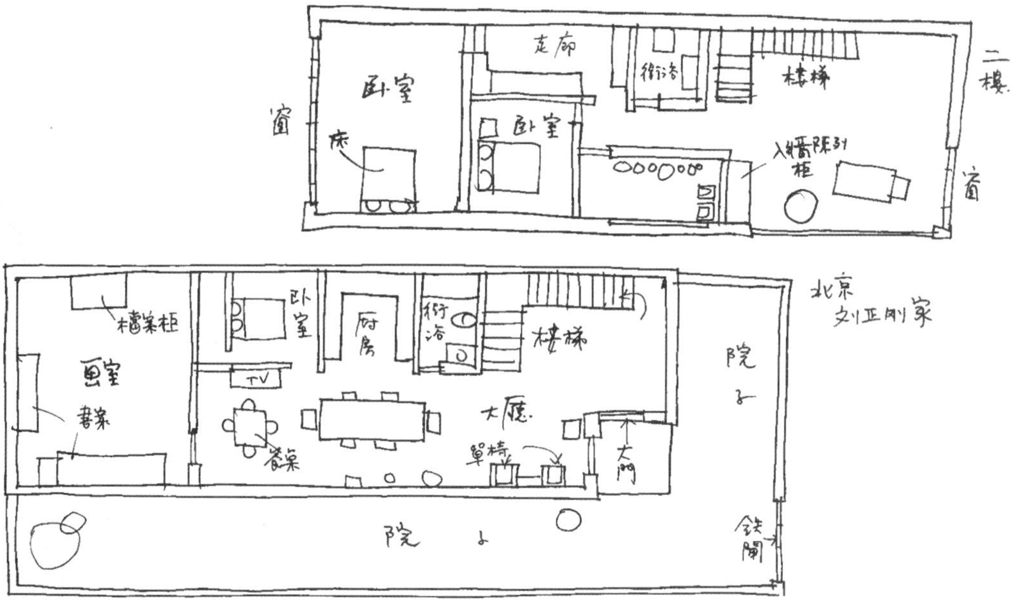

是真是假？

走進正剛的家處處驚嘆，覺得自己像是碰上心儀偶像的欣喜若狂，因此在他收藏在檔案櫃裡的紅山文化石器面前，拎起那些用作狩獵武器的灰灰綠綠的打磨粗糙的小三角石頭，我竟然問他，這麼多的小玩意，你在不在意是真是假？

恐怕他也給我弄糊塗了，他笑著（也其實一臉正經的）回答說，真與假永遠有原則分別，值得收藏的當然都是真的，真在它們都是合理性的當年的工具，假的仿製的完全就是一個功利性的贗品，形色再似也沒有意義，我忽地有所悟，即使簡約，也有真有假。

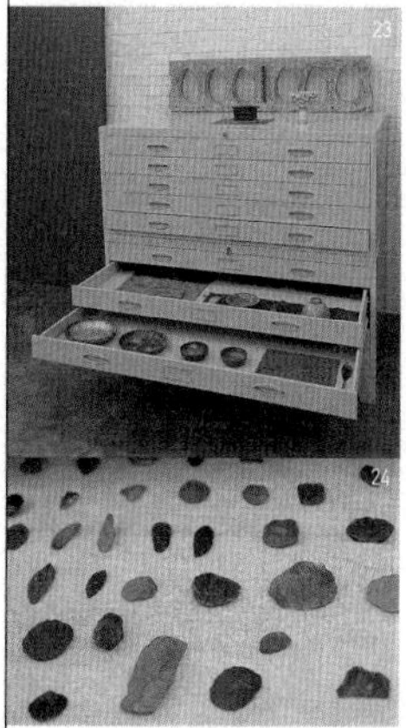

23＋24　檔案櫃也就是藏寶閣，紅山石器文物是先民生活應用工具。

歷史在活

如果把眼前所見的叫做懷舊，如果把檯頭牆角的細物定斷為古董，也未免太少看了Gary林仲強這麼多年來的一種累積——刻意刁鑽也好隨手肆意也好，他的目的是在這個三百平方呎不到的空間裡為自己找到一個歷史位置。

留給自己一舖素淨的床，這並非一個隨意的偶然的選擇。

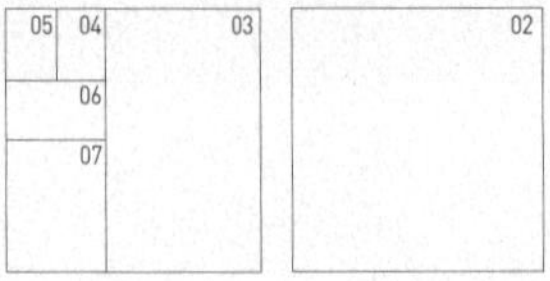

02 進門一目了然，簡單清楚，實在不過。

03 難得有午後陽光來串門，趁有陽光也把這裡樁樁件件看得更清楚。

04 窗邊的一面鏡其實也是一隻窗，裡面的世界說不定更清楚。

05 努力構建一個屬於自己的空間，等同用心整理自己縱橫的思緒。

06 斑斑駁駁是他追求的一種生活的質感。

07 空間極小，起居生活安排得卻是格外細緻周到。

破舊原則

說到歷史，我們都嘻嘻哈哈地說太沉重了吧。可是他獨居的這一棟小樓房，正是擠在香港島最古老的一區：上環太平山區。從來人煙稠密的這裡，遠在一八九四年更是黑死病的原爆點。當年五月鼠疫橫行，一下子奪去四百多人的性命，以致當年港督羅便臣下令把太平山區封閉，區內民居亦遭全數拆毀，改闢成卜公花園。Gary床頭的一面窗，正正就望得到這鬧市當中一小方滿載歷史的綠。

好幾年前初訪Gary從美國唸完書回來的第一個家，也是同在中環舊區另一條街一幢戰前舊樓天台上的一間潛建屋。推門進去就像時光倒流，而且不是電影佈景那種刻意懷舊的單薄，紅磚地印花布簾古老窗框手工木板書架，一切都在日常中呼應著。暗黑的夜裡亮一盞暈黃的燈，熟悉又陌生的粵語長片年代的氛圍。幾年後他搬到這裡，我故意挑一個午後探訪，進門依然驚訝折服，家是搬了，那種歷史環境氣氛卻沒有變，主要傢具結構還是一樣，新添了弄得舊舊的是臨窗的床，灰灰黑黑的地板就用水泥混著顏料鋪開，自家刷上的幾面乾橄欖綠色的牆已經開始剝落，天花板是褪了的豆沙顏色，最輕最亮是那一床的白棉布被，沒有變嗎？其實又怎會沒有變。

坐在床沿，喝著玻璃小瓶可樂，Gary坦言說他只有在這些看來破破舊舊的老區

與住房裡才真正自在舒服。新廈千萬，總就是千篇一律總叫他迷路，反是舊區的街頭巷尾都有獨特個性，都會刺激起他的聯想：這裡從前住的什麼人？這把檢來的椅子是誰坐過？甚至談起這一區的猛鬼他也是興致勃勃的。「舊樓的牆的確比較厚」，Gary作了饒有意思的這個結論。

細心往事

也許就正因為香港社會集體歷史感的薄弱，Gary就更主動爭取擁抱歷史，那怕只是私家個人的一點感覺——綠的牆是外婆家中的那個記憶中的綠，窗框一定要是鐵框一定要有彎彎把手萬萬不能是鋁質的輕薄。從舊貨店用極便宜價錢撿來的政府辦公室的結實單椅，插在鏡邊的一把廣東葵扇，一對學生送的粗拙的石灣陶公雞，還有那出處未明的油燈，那大小相疊的古老藥櫃……構成這個充滿回憶的氣氛環境的樁樁件件，不是純粹裝飾擺設，卻都用在日常生活裡，連地球儀也都是一盞可以亮起來的燈，提醒你外面的世界實在精彩。

當一個人從細物開始留意自己的取捨選擇，也這麼仔細規劃每一個結構細節，這就是知覺到要為自己尋找一個位置身份。在這個功利的倉促的輕浮的社會裡，對Gary和他的同道來說，家，是最後的一個陣地。

獨往獨來

從美國唸完書回到香港，在設計學系教授藝術史設計史和電影文化研究，一轉眼已經是七八年。談到這些年來有沒有回想自己的成績，Gary自覺選擇了教學絕對無悔。作為一個教育工作者，如果能使學生們開竅是他致力不懈的。當學校的課室空間條件不好，他就主動邀約學生在外面邊走邊看，也可以回家喝茶喝點酒，而他最近在香港大學比較文學系修讀的文化研究課程，也常常和同學一道在家裡談天備課。家，可以是個暫時的開放的分享的空間，但Gary很清楚自己其實獨來獨往。

出門旅行，他會選擇獨個兒遊蕩，看到的感受到的都格外深刻。獨居家中，可以一言不發的就在床前呆坐他半個小時，不需跟誰解釋為什麼，他確切的知道自己需要這樣的休息空間和時間。

一個在課堂講授傳意溝通的，發覺溝通其實並非必須必然，更不應變作日常例行公事，也許各有溝不溝通的選擇，大家會更珍惜能夠交流分享的機會吧。

我父我子

窗外天色開始暗下來，我們卻在這個小小室內談得興起，我突然發覺一直浮在空氣中的八十年代美國樂隊Breeder的樂曲早已停了，話題一轉問到影響他最深

08 這個愛書的人同時愛下廚，小小的廚所五臟俱全。
09 學生送來的兩隻陶瓷公雞替他守住流理台一角。
10 連電話機也是一個古老的選擇，與世界有一個不一樣的溝通。
11 隨身的舊煙斗，有的是私家回憶。
12 藏身書架最上層的石膏雕像，是青葱學生時代的紀念——
13 久違了的魔方不是潮流已成往事。
14 夜悄悄來襲，室外室內都有一番不同景象。
15 留一瓶經典瓶裝可樂，與歷史溝通？
16 想起某個夏天的夜晚，想起一起乘涼的外婆外公……
17 古老的藥櫃拉出抽匣藏好生活的瑣碎。

的一齣電影一個歌手又或者一個藝術家究竟是誰？

Gary思索了好一會，望著我認真的一字一句：「我想，影響我最深的恐怕是我父親——」

娓娓道來，Gary口中的父親是個十分獨立十分自我的人，早期香港那種白手興家，十分有文人素養的商人。Gary作為家中的老么，其實一直在家裡只有聽父母兄姊談話的份兒，自己從來插不上嘴。也偏是這樣，倒從旁觀察了很多。父親常常有那種要大家自力更生無需依賴的論調，很疏離很不像一家之長，而最後也選擇了離開家庭。Gary在處理自己跟父親的愛恨關係的同時，察覺父親這種不為任何責任而存活的似佛似道的觀念，竟然是深刻的影響到他的做人處事態度方法。

從過去在美國的一段無疾而終的戀情到如今滿意地獨居，他一次又一次的認定了自己將要走的路將要發生的歷史——究竟是刻意去美化了維護了父親形象？潛意識的以兒子身份承傳了家族中某些獨特的質素？此時此刻其實說不清楚，唯是在這看來留住了某段時光的家裡，Gary沒有固步停留，盡情肆意讓思緒縱橫，讓自家歷史不斷衍生演化。一切都因此活起來，而且活得很好。

腳踏一片怎麼樣的實地，他絕對重視首要緊張。

分秒矛盾

小小一室，時間特別多。

時間在那隨手脫下來的腕錶裡，在那畫了稚拙蹩腳圖案的時鐘內，還在那好幾個走得有快有慢甚至是停擺了的床頭鬧鐘內。隨時提醒自己時間是一分一秒的過，又不想時間就這樣溜走，又拿它沒法，正如要接受牆上的漆自動一點一點的剝落。

在時間的長河裡，鐘和錶成了靈媒，提點了我們一點什麼，想像力豐富如Gary，大抵也通過鐘和錶，與遙遠的過去和未來的不可知，作可能與不可能的溝通。

19＋20 時計處處提醒的是不慌不忙。

21 這裡那裡總有大大小小的時計，或在動的或停了的，已經成了一個象徵。

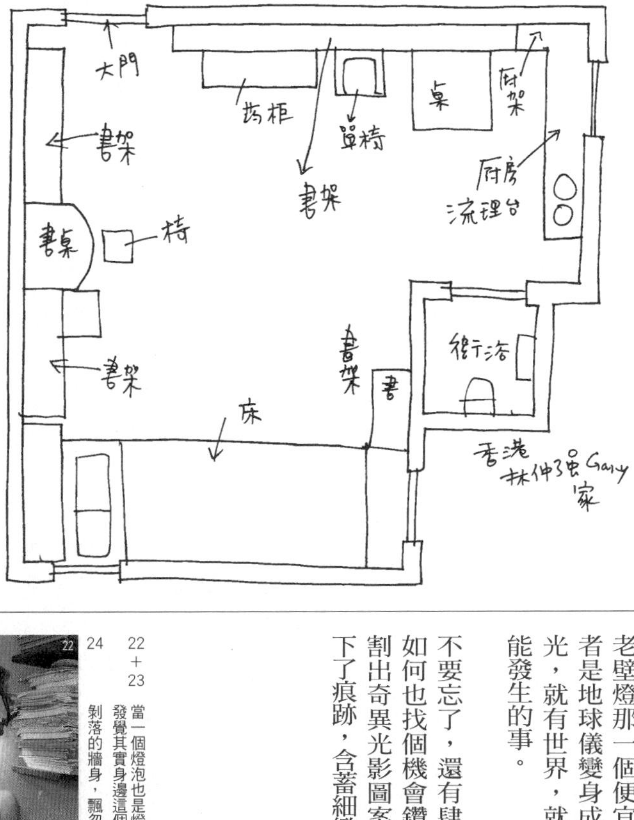

光之痕跡

相對於時間，光，好像比較具體比較親近。

看得見，無論是油燈的那一小點搖曳的火光，細細長長一截蠟燭一點燭光，古老壁燈那一個便宜的燈泡發的光，又或者是地球儀變身成了一盞奇怪的燈，有光，就有世界，就有環境，就有一切可能發生的事。

不要忘了，還有肆無忌憚的陽光，無論如何也找個機會鑽進來，灑滿一地，切割出奇異光影圖案形狀，而且悄悄的留下了痕跡，含蓄細緻，只給有心人看見。

22＋23 當一個燈泡也是燈，地球儀搖身一變也是燈，你會發覺其實身邊這個世界有太多可能性。

24 剝落的牆身，飄忽的燭光，營造日常的小放縱。

城市山林

走進于彭在士林的家，你會問自己，我在哪裡？

推開木門一道，面前是曲折迴轉石板小路，旁邊有浮滿青苔的池塘，有密集的奇石怪樹，有修竹披拂。幾面刷白了的土牆有開了圓洞的有造成瓶形門狀的，虛實變化步移景異，牆上更隨意寫有貼有詩文題額，來不及好好細讀又被面前你即將要進去的房子吸引住——

大塊 LOCUS 文化

Future · Adventure · Culture

謝謝您購買這本書！
如果您願意，請您詳細填寫本卡各欄，寄回大塊文化（免附回郵）
即可不定期收到大塊NEWS的最新出版資訊及優惠專案。

姓名：＿＿＿＿＿＿ **身分證字號：**＿＿＿＿＿＿ **性別：**□男 □女

出生日期：＿＿＿年＿＿＿月＿＿＿日 **聯絡電話：**＿＿＿＿＿＿

住址：＿＿＿＿＿＿＿＿＿＿＿＿＿＿＿＿＿

E-mail：＿＿＿＿＿＿＿＿＿＿＿＿＿＿＿＿＿

學歷：1.□高中及高中以下 2.□專科與大學 3.□研究所以上

職業：1.□學生 2.□資訊業 3.□工 4.□商 5.□服務業 6.□軍警公教
7.□自由業及專業 8.□其他

您所購買的書名：＿＿＿＿＿＿＿＿＿＿＿＿＿＿＿＿

從何處得知本書：1.□書店 2.□網路 3.□大塊電子報 4.□報紙廣告 5.□雜誌
6.□新聞報導 7.□他人推薦 8.□廣播節目 9.□其他

您以何種方式購書：1.逛書店購書 □連鎖書店 □一般書店 2.□網路購書
3.□郵局劃撥 4.□其他

您購買過我們那些書系：

1.□touch系列 2.□mark系列 3.□smile系列 4.□catch系列 5.□幾米系列
6.□from系列 7.□to系列 8.□home系列 9.□KODIKO系列 10.□ACG系列
11.□TONE系列 12.□R系列 13.□GI系列 14.□together系列 15.□其他

您對本書的評價：(請填代號 1.非常滿意 2.滿意 3.普通 4.不滿意 5.非常不滿意)

書名＿＿＿ 內容＿＿＿ 封面設計＿＿＿ 版面編排＿＿＿ 紙張質感＿＿＿

讀完本書後您覺得：

1.□非常喜歡 2.□喜歡 3.□普通 4.□不喜歡 5.□非常不喜歡

對我們的建議：＿＿＿＿＿＿＿＿＿＿＿＿＿＿＿＿

＿＿＿＿＿＿＿＿＿＿＿＿＿＿＿＿＿＿＿＿＿＿

＿＿＿＿＿＿＿＿＿＿＿＿＿＿＿＿＿＿＿＿＿＿

從樓上往下看得池塘全景，真懷疑自已身居何處。

02 室內室外只是框架之隔，自然都有景色。

03 園亭樓閣，套室迴廊，疊石成山，栽花取勢……

04 淡泊的生活其實更豐富精彩，跟于彭永遠有談不完的話題。

05 大中見小，小中見大，虛中有實，實中有虛……

06 咫尺之內，而瞻萬里之遙，方寸之中，乃辨千尋之峻。

07 借景隔景，都是中國傳統文化時空意識在園林造景藝術上的體現。

五層樓，分明是水泥外牆又有很多中國傳統木建築樑柱框架細節裝嵌其中，牆外隱約繪有壁畫紋樣，敞開的落地木窗叫室內一目了然，木頭地板，土黃的牆素白的牆，水泥天花板，粗中帶細的一屋都是中國舊傢具，牆上掛的六幅古畫，牆邊堆疊的是線裝古書，書架擺放的是形狀奇特的陶瓷器皿，一側還有幾個人才挪得動的嶙峋山石……古今時空交錯，平面的立體的空間都異常豐富精彩，叫人驚訝好奇，不知從何說起。

中隱園林

認識于彭是因為看他的畫。不懂評畫但還是滿心歡喜的看，人家大抵看的是運筆施墨線條變化，我倒高興的在細看卷幅中那二百幾十個單線勾勒的裸男裸女，在奇怪的山林中自顧自擺出各種坐臥站立姿態，我有我自由方法，喜歡就是喜歡，不喜歡也就再自行選擇。

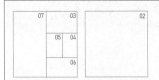

雖然看畫的時候已經很好奇很期待有天有緣碰上應該是怪怪的畫家。但當穿一身輕鬆寬闊衣褲，赤著腳搖著葵扇，笑容可掬的于彭站在我面前的時候，我知道更好玩的事情即將發生。

不知怎的我們談到他在修練的睡功，眾多法門當中偏要挑出這種艱苦的似睡非睡的修行，也是一種「天地有道，我命在我；求之在我，求之在勤」的道教的養生信念吧。我在一旁聽得目瞪口呆興

趣盎然，也好像忽然理解于彭為什麼會把家居空間佈置成如此一個洞天福地。

有些畫家畫的是一個世界，生活卻又在另一個世界。于彭選擇的是完全活出一種身心與空間的融合統一。在這個士人園林的世界裡，可以感悟人生可以俯仰天地可以洞悉宇宙，他追求的中國古代人文精神，在這裡得到物化，有說以山體景觀為構園要素的中國園林藝術是創造了三維立體空間的有實用價值的時空藝術。這裡二十坪不到的小庭院也就是一個貼近古人神韻氣質心性的自家創作。

不得不提這個家就在大馬路旁，市聲囂喧。而生活在廿一世紀的台北，不可能像古時隱士的巢居穴處，離俗獨住，也很難為自己圈出一片山野莊園別墅，唯是可用園藝手法，構建出鬧市取靜幽雅自然的一方領土——雖地僅數畝，然卻有迂迴不盡之致，居雖近市，卻有山林相忘之樂。正如唐代文人提出的「中隱」的理論，不太寂寞不太喧煩，來往自如身心自安，小小一室也寬如天地。

慾望山水

選擇了建立起這樣一個居家環境，並非是一種逃避，其實還得處理作為現代人的種種慾望，作為兒子作為丈夫作為父親的種種責任。閒談聊起，還是有種種人間的喜怒哀樂。

作為來台三百年的客家後代，于彭憶起兒時在外雙溪舊宅，祖父如何教身邊子侄唱北管玩古董，維持一種宗族承傳的文化氛圍。又記得早年把家裡這個空間經營作茶藝館，陶藝工作坊，畫廊，甚至是皮影偶戲小劇場，在這裡彈古琴唱自家詠嘆的曲，排實驗性即興十足的戲，熱鬧又快樂。當然還有一路走過來從雕刻泥塑到版畫到水彩到終於找到的傳統筆墨山水的另一種狂放演繹，路從來不平坦，離經叛道就更需要堅強意志，一意孤行活出這樣一個家的狀態，令家人也能理解能夠協調配合，就不得不叫人由衷佩服。

于彭特別提到他最敬重的父親。父親晚年的時候跟他最能互動，老人家也參與了陶藝的創作，從一個小生意人變成了藝術家，更全力支持兒子的藝術追尋，求真求變。父親猝然在生辰當天離世的那一個傷痛的經歷叫于彭真正的體會大悲，鄉里街坊在殯葬巡行儀式過程中的同悲共哭竟然是最真切的一種人生戲劇，此後對他藝術形式的追求有了不一樣的體會，藝術與生活原來可以結合得如此自然，悲喜日子也都是踏實的當下追求。

逍遙散仙

有說仙與神有所不同，天神都要執政管事，如人間的帝王和下屬官吏，仙則是不管事的散淡人，猶如人間名士。在于

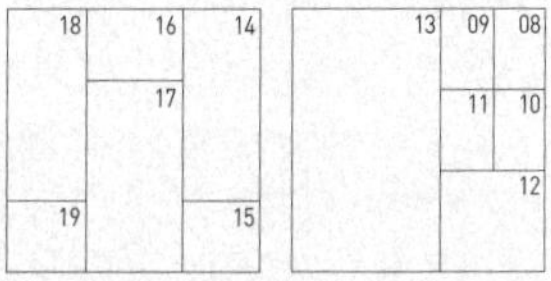

08 還是老板凳最有感覺，心安理得坐得穩。

09 桌子彷彿都不夠用，散仙其實也很勤奮。

10 小小的客人衛浴間也有細密素雅的心思。

11 小小一幅掛簾，就營造出樸拙民間的藝術氣氛。

12 傳統老傢具非刻意供奉的古董，都應用於生活日常。

13 有刻意騰空的，有隨意堆疊的，居室一點也不侷促。

14 有意無意，都有承傳下來的美學標準和象徵含意。

15 硯石彩墨，是古董也是生活藝術。

16 畫桌上自成生態，冥冥中自有構造安排。

17 百年老茶生津止渴，先得燒開熱騰騰一壺水。

18 先後修改興建的幾層樓，各有結構細節特色。

19 平日難得一睹的樓上畫室，又是另一方域。

彭家繞了一圈，喝酒茗茶，充分感受到那一種仙氣。當然仙也有天仙地仙和散仙之分，于彭肯定就是天上人間飄忽不定的散仙，按自己的作息喜好行事，醉也不用藉口，醉就是作畫的最好時機。有幸在他家喝過香氣奇特的百年老茶，輪流配以上佳葡萄美酒，也難得分別在中午吃過他親自熬了一夜的有機乾鮮蔬菜粥，于伯母弄的客家宴客湯羹，還有那本是下酒小菜的烏魚子和柳葉魚，吃吃喝喝下去就變了即興的一頓晚餐。在那播完又再重播的縈繞一室的古琴樂聲中，在那窗外自然的晴昏變化過程裡，寬敞几座上盤膝而坐的我們彷彿都能瀟灑的撥弄開俗世煩瑣，游心於淡，合氣於漠，順物自然而無容私焉。到了這樣一個境界，也許不再在乎什麼一般家居生活的標準和規矩，作畫做人，都是一樣逍遙率性，活到老玩到老，下次再來請教他養生的獨門秘方。

樸實古雅的家居佈局，時空漫遊開始。

有扇就有風

談得興起，大家都在冒汗，于彭遞過來一把葵扇，對不起，家裡沒有空調冷氣，這是媽媽親手做的葵扇，縫上那醒目的紅絨布邊，還有這把客家人傳統手工的扇子，現在差不多成民藝絕響——

大熱天時，老婆跟孩子都抱怨過為什麼家裡不裝空調，但大家都明白，空調對身體根本就不好，而且倒噴出的熱氣也不環保，老實說，有扇就有風，自古以來，本就如此。

20 于媽媽親手做的葵扇，搧出涼風好溫柔。

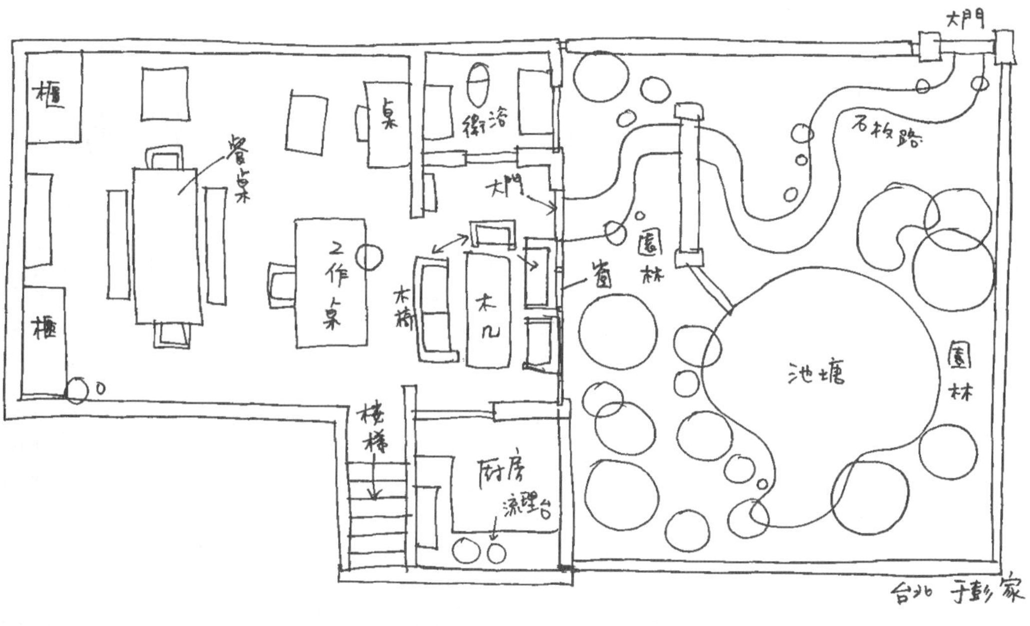

一門之隔

可以說，一門之隔，門裡門外兩個世界，也可以說，隱於市也能融於市，只是心意調節的一個問題。

我倒是再三注視這一道門，漂亮得厲害的一道老木門，簡便隨意的安上門栓和門鎖，都是當代的式樣。用得著，也不必介意什麼統不統一的設計形式。這裡那裡，能放能收，就舒服，就很好。

22＋23 路過的大抵都誤會這家門又是某一個古蹟古物的保護點吧。

天大地大

經過上海，新新舊舊的都在面前以極大能量相互衝擊晃動：老房子老倉庫復原裝修成更古舊的樣式，經營的是最摩登概念的餐廳，展出的是最前衛的藝術。碰上的人談到的事，都帶那麼一點世紀初的躁動。管它時空錯亂，對過去現在未來，有懷緬有冀盼有想像，更少不了有點混亂的在實踐在經驗，說實話，人到上海，即使還未參與人事其中，心已經跳得厲害。

一幅世界地圖，也是這個書房的一扇面向世界的窗。

02 老師最愛整潔，有條有理思路清晰是治學的第一法。

03 在學術界這麼多年來一直保持很多個「第一」的江曉原，從來沒有被這些「第一」所牽絆。

04 把圖書館可推移的資料庫也搬回家，知識超載！

05 是書房裡唯一一個什麼都沒有穿的小雕像吧——

06 亮一盞燈，喝一杯茶，讀一本又一本書。

心跳得太急最好安靜的坐下來，清醒一會沈澱一下。好友滬生一方面給我介紹這家那家可以在路上稍事休息閒坐的茶館咖啡館，也一直給我介紹認識身邊的好朋友，因為我們都知道一個城市的有趣所在，往往也關鍵於當中有趣的人。

「江曉原老師他家的書房很有意思，藏書方法和藏書量也很驚人，而且，他研究的是天文學史和性學史，他跟你的頭髮一樣，花白花白——」

書房，天文學，性學，說不定還有什麼別的走在一起，這還得了！顧不了冒昧唐突我掛了通電話聯絡上江老師，「好，你就過來坐坐吧」，電話那一端一把冷靜的聲音答應。

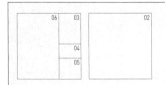

上天下地

滿天星星，那是天上的事，星星何時生何時死，我們肉眼看得見的一閃一閃的動靜，恐怕只是宇宙浩翰中那麼一小片面，而地上的人又在做什麼呢？隨時隨地在這叢林裡在車廂中在自家人家房中床上，都在做愛做的歡樂的事。不瞞你，常常／偶爾會想，在身邊的這個城市裡此刻當下，有多少「好事」「正在」進行——說來無聊，但想想真的有這個看來不可能的統計也很有娛樂「性」。

說是來聊聊「天」（可以談談性嗎？），事前的確有壓力。因為要去拜訪的江曉原老師是中國著名學者，研究的科目是

天文學史和性學史。目前是上海交通大學教授，博士生導師，科學史系主任。到他家前跑到上海書城做了一點功課，書架上排開就有他的天文學專論《天學真原》，《天學外史》，《歷史上的星占學》，《回天》等等著作，也有《性張力下的中國人》，《中國人的性神秘》等等性學研究，加上發表在報刊雜誌上大量的學術隨筆和專欄文章，結集《東邊日出西邊雨》和《走來走去》，還未計算一般讀者較難接觸得到的發表在國內外著名學術雜誌上的論文近九十篇，要好好對話，該花點時間好好讀讀老師的著作吧。

因此我有點尷尬的按門鈴——書買了，還未來得及仔細的看，公寓門房伯伯問我是否約好了江老師，「很多人來探他來做採訪呢」，他說。

往後的三個小時，我可是全無壓力的在江老師面前喝著暖暖的香茶，乖乖的做一個不用交功課的學生——他帶的研究生也會真的到這裡，談談本科研究的方向與進度，當然肯定也有學生會問他，為什麼一頭是天文學，另一端是性學，這兩家看來天地之遙的科目怎會放到同一書桌面前，而且都研究出顯赫成績來？

有人用四字概括江曉原的學術研究領域：「陽台」和「臥室」，陽台指向穹蒼外界，臥室指向人世內室，江老師一笑置之，倒指出中國古代是用「陽台」來比喻男女性愛。我倒直覺無論是陽台還是

07 連書房外小陽台也給放滿參考資料。

08 客廳一隅，自然隨意，但請留意書本雜誌已經進侵領地。

09 飯桌也是日間的小小工作檯。

10 特別寬敞的陽台，也是老師在家工餘走來走去的地方？

11 大門進來，一端直入書房，另一頭路經好一些收藏。

12 主人臥室，老師對原木材料還是比較喜愛。

臥室，都是家的內外生活環境的一部份，有外有內，通天達地，有未知有實在，人才有趣，家才好玩。

成長於文革年代中的江曉原，失去了讀高中的機會，在上海一家紡織廠當過六年電工。那些年間雖沒有正規上課學習卻大量的讀禁書，尤好讀史：從古典文學入門的《中國歷代文學作品選》、《古典文學參考資料》到《三國演義》、《水滸傳》、《紅樓夢》到科學著作《宇宙發展史概論》、《微積分發展史》……借來的禁書在身邊留得長一點，就用毛筆抄錄：幾千首唐詩宋詞，甚至潘岳《西征賦》，庾信《哀江南賦》等長篇文章，也自行書表研究舊體詩詞的押韻平仄格律，如此下來，古文根底異常紮實，為日後的學術探索儲足本錢。

眾人眼中的文科奇才，因為覺得自學文科從來順利，決定要報考較難自學的理科，他「悍然」填報南京大學天文系天體物理專業，竟以第一志願被錄取了。大學四年，除了第一年辛苦點的把從未上過的高中的課程補回來，第二年完全跟上，第三年就開始不務正業，把孫過庭的草書帖《書譜》臨了七遍，下象棋（他是大學象棋隊成員），看昆劇，當然本科專讀和閒書還是一本一本的啃。

大學本科唸完，江曉原考進北京中國科學院作碩士研究生，一頭栽進自然科學史，又繼續完成博士學位，當中開小差竟又變成第二專業的，就是緣起自研究

生時代與師兄間研究學問之餘談得最多的「性」的題目，當中包括文革落難在下層社會所見所聞的性風俗性趣事，也有時會講講各人自己的性經驗，算是排遣一下大伙兒的寂寞。江曉原好古成癖，當然就不滿足於閑扯，竟就「發憤」研究起中國古代房中術，寫成了以《中國廿世紀以前的科學性初探》為題的學術論文，在還未衝破談「性」禁區的當時大陸的學術界來說，這篇論文的發表引起很大轟動，自此他對性學的研究，也與天文學的研究並駕齊驅，一發不可收拾。

功在不舍

四年前搬進現在的這套房子，當決定要為自己的書房設置一組最方便最方便最實用的藏書櫃時，江老師最擔心的是公寓樓板會不會塌下去。

當然，在專業建築師和檔案櫃的專家的審核和建議下，這個書房出現了圖書館一般的風景。除了四壁都是排得滿滿的書刊雜誌，當中一面牆還是軌道式檔案櫃，如資料室一般節省不少空間——當然家裡近二萬本的藏書已經進佔客廳，睡房，貯物室，陽台，但難得的都在主人的整潔安排下，分門別類堆疊整齊。未翻開已經看得出邏輯條理——

江老師引用已經在唸高一的女兒小時候愛說的：「爸爸很開心的，他不用上班，整天在家裡走來走去——」對，他從前在中國科學院上海天文台工作十五年，因為專職研究天文學史，歷任台長都特許他不必每天上班，可以在家工作。好事者多次質問，卻無法否認江老師每年發表這麼多論文，足以證明在家也是十分辛勤，現在身為交通大學科學史系主任，行政工作還是交給副系主任去照顧，依舊大部份時間在home-office裡「走來走去」，專心的做學問研究。

除了出國出席國際會議，回校帶必要的課處理份內的事，江老師還是安心的留在家裡。他相信「駑馬十駕，功在不舍」，有紀律的有計劃的把自己研究項目一一完成，也引領和鼓勵學生們走上更專精的科研新路。

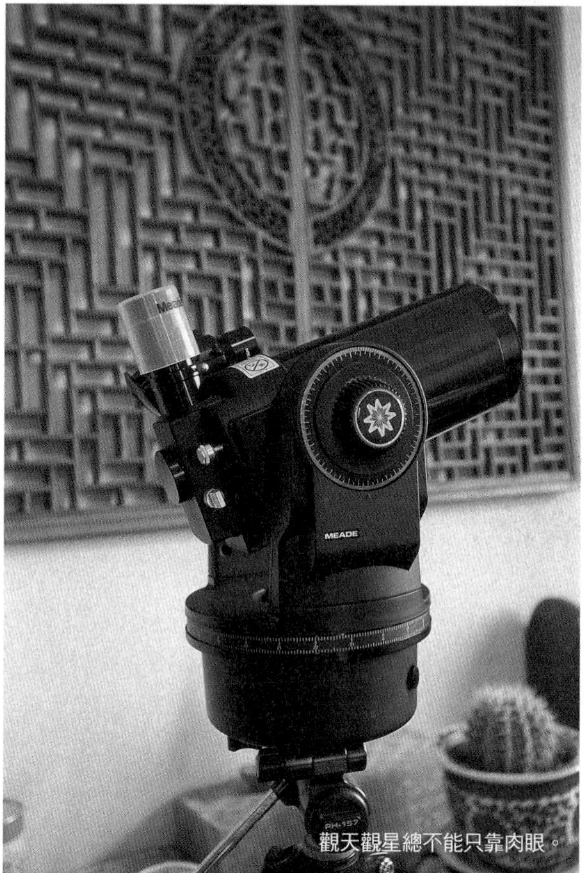

觀天觀星總不能只靠肉眼。

我坐在書房一旁的一張單椅上，想像老師之前的一個又一個書房，他就是在這群書圍護中，走進去又走出來，對古代中西方天文學交流，古代中國天學（有別於天文學）的性質與功能作開拓性的研究，也用天文學方法和資料解決了當代天文學課題「天狼星顏色問題」以及「武王伐紂年代」「孔子誕辰準確日期」等歷史年代學問題，性學史研究方面更提出了「性張力」的論點，啟發了來者進一步探索前行。作為一個不害怕被視作標新立異的著名學者，他致力的是打破各種學科老死不相往來，畫地為牢的陋習，期待出現一個開放的互動的學術空間；也更重要的是把一切研究摸索回饋社會，改變科學在社會公眾中的神秘高深形象，致力於培養新一代「科學文化人」不走規範的路。

白日好夢

江老師在他的小宇宙裡自得其樂，把書房／家裡稱作「二化齋」，多種解讀中他自己的說法是「天學與性學交而化之」，學生的解釋是「勞動人民知識化，知識份子勞動化」又或者「理科學者文科化，文科學者理科化……」，其實種種解讀，都是爭取一個寬容多元，通情達理，就如他一直微笑著跟你對話，不疾不徐叫人舒服。

老師又笑著談起他自學治印，刻的一大堆印章中只有刻著英文單詞'Day Dream'的閑章為有識之士首肯，這個白日夢也真不得不發下去，又說到他平日最不喜歡穿西裝，即使到劍橋講學，也是便服一套，朋友送來的領帶根本沒用。他不煙不酒，偶爾看看電視，在電腦下載各式音樂聽聽，對學術界一窩蜂的出國熱或者下海從商無甚興趣，「錢夠用，就好了，錢太多會成為負擔，對於學者尤其如是。」

短短見面時間一晃就過了，我們沒有真正的聊到天上也沒有談到性（這麼精彩的話題該從何談起？）但就在這個樸實無華，乾淨俐落的居家空間裡，我看到自得自信，看到負重若輕的氣度，越是厲害的人，越放得下身邊的多餘的形式格局。人有各種追求，我相信老師絕對清楚把握他所追求的幸福快樂。

大師小傳

抬頭看天，原來天上有這麼多學問，低頭看自己，赤身露體，談到性，興趣來了，但還是有太多懵懂無知。

坐在面前的老師，氣定神閒，就更叫人好奇他如何在學術界裡「興風作浪」。老師送我一本小書，是河北大學出版社的三思訪真叢書系列中的一本。以「交界」點題，追尋老師的治學做人思想軌跡。迫不及待把這圖文並茂的書看完，滿足了對老師的八卦，也得知這個樸實的傻傻的單眼皮的穿海軍便服的男孩，文革時期就是因為好讀內部發行的禁書，才能有如今上天下地的本事。

14　對這位跨界越界的科學明星，早有出版社做了詳盡的訪談，圖文成輯。

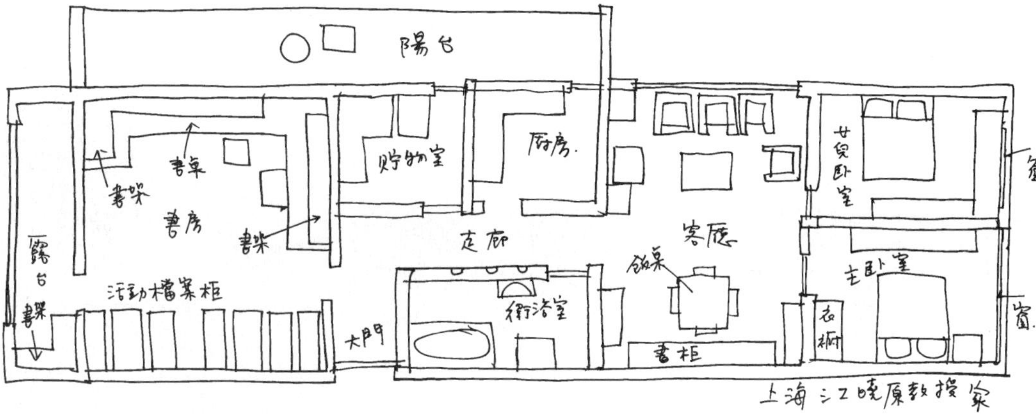

博物陳列

說江老師的家是個圖書館，一點也不過份。但圖書館裡更出現了博物館格局般的走廊，陳列旁邊甚至附有解說文字，這就有點太認真了。

打擾到老師的臥室，床鋪正對面牆上掛有一個傳統式樣的古玩架，收藏有些工藝精品，但看得到當中好些間格已經被書籍進佔，還是圖書館長比博物館長的人要兇權勢要大。

愛書人，最幸福莫如活在圖書館裡。

15　特意把收藏品放進嵌入牆中的間格，倒有點像博物館陳列專櫃。

16　臥室裡的珍玩架，看來有天還是會變成書架。

時空極樂

有人活得陽光燦爛，有人獨愛暗黑夜半，有人高速奔向未來，有人懷擁過去入夢。他貪心，他都要，把白天黑夜的種種刺激和有趣，把過去未來的所有感覺和能量，都包容都引進他小小的生活空間裡，自行整理協調出自家的強烈風格和態度，說他怪說他酷，對，就是。

舊傢具，新設計，撿來的換來的買來的，躺下去提起來都有故事。

02 層層外出，陽台是另一個喝酒聊天的好地方。

03 原來的辦公室空間間隔和質材，成功的過渡到厲害的家。

04 為了音響效果為了燈光明暗，Wagne會細花心思鋪改線路。

05 對太空造型原子結構的迷戀從五六〇年代大熱到今天。

06 在暗夜裡悠然自得，在音樂在酒精裡浮蕩的Wagne。

07 走進來走進去，時空不錯亂。難得這裡不是空有姿勢的陳列室，這裡有日常真正生活。

懷未來的舊

夜，香港中環。通衢大道上櫛次鱗比新舊商廈天天擠在一起都累壞了，鋼筋玻璃立面只剩零星落索少數不眠的燈。日間爭分奪秒辦公的過路的喧鬧繁忙都如潮水退去，疲乏懶散歸家也罷。然而中環別處卻有能量在重組，在蘭桂坊在蘇豪，一心減壓的玩樂的在各自組織集體的私家的夜，夜正年輕，十九樓上空的Wagne黃有他的絕好安排。

皇后大道中的一幢商住兩用大廈，十九樓，推門走進另一個時空。眼前一黑同時眼前一亮：棕色木板牆面一幅接一幅，與同色系地板融為整體，是家還是辦公室叫人迷惑。五〇年代的北歐塑膠經典單椅橘色炭黑色一列排開，與另一角落的厚實工業型黑皮沙發各領風騷。泛著銀光的咖啡桌金屬儲物矮櫃和八疊鋼屏風都是厲害的鋼鐵陣容，Tom Dixon的塑料地燈Jack Light在那端好驕傲，從天花吊下來的鋼片瓜皮燈，牆上運轉閃動的舞池燈以及檯面上如花火綻放的纖維燈也不甘示弱，還有那早成經典的火箭外殼Mathmos檯燈，浮沉迷幻，暗暗一室各有氛圍各自亮麗。

這還是開始，再進去有塑膠外殼的太空衛星型電視一大一小，與原子狀收音機一款四色一家親，玲瓏浮凸的裸女圖與永遠革命的切．格瓦拉頭像你我相望，床下暗格有一整隊的極品機械人玩偶和

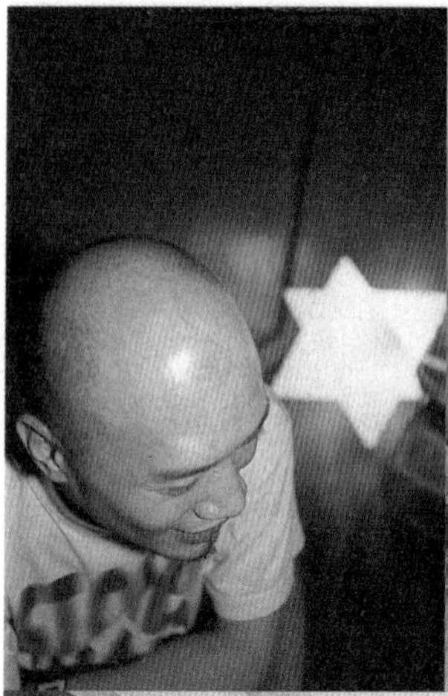

收藏經年的塑料火槍水槍，床頭微笑著有刺繡的蒙娜麗莎在停了停不了的大小時鐘當中好好休息。

往外還有鋼架玻璃桌和旋轉黑皮酒吧椅的絕配，一整櫃的狀態良好款式趨時的二三手舊衣服是Wagne的日常穿著。還有大膽用色圖案強烈的舊花布掛簾，流落散失到此自成一國的明信片，玩具……椿椿件件，是Wagne二十多年來跑遍英國，日本，德國，泰國當然還有香港本地大小古董市場，地攤雜貨店的精彩收藏，一次又一次的比較篩選，一回又一回的尋根溯源，Wagne成功的以面前的藏品構建出一個完整的理想中的家居氣氛環境。活在美好過去也同時活在熱鬧當下，更過癮的是總有值得冀盼的未來。

亮這盞燈，坐那張椅，Wagne常常會忽然進入那個可以肆意遊蕩的歷史時空，那裡沒有過份雕飾的典雅華麗，卻有的是跨越地域國界的風格拼貼集大成。Wagne和同道們不以追求高檔為樂，卻從日常破爛中找到庶民樂趣，同好各有搜集，以物換物交流共享，你快樂我快樂，時空迷途絕對無妨。

間隔時空

長年累月專注收藏，Wagne也一直在尋覓一個可以讓這些身邊寶物可以各安其位的家。早已屬知他脾性喜好的地產經紀當然也幫上一把，終於給他一個意外

驚喜——原來是經營環保再造木材的一個辦公室，有的是間隔分明利落的典型傳統保守辦公室格局，鋪天蓋地的木板結構，正是Wagne的心頭好，原來總經理的玻璃房，也正好變作透明睡房，最外圍的一端有寬闊陽台，居高臨下看得見人家辦公室的勤奮和懶惰，Wagne只花了很少的裝修改動，就搬進這個本身就性格突出的空間。

把人家的辦公室變作自己的家，其實還有一個很重要的原因：Wagne是超級樂迷，是越夜越興奮高昂，chill out也全情投入的那一派。舊屋裡常常接到左鄰右里的半夜投訴，為免大家不快索性就找一個打擾不到別人的可以放肆的地方，如今十九樓的辦公室上下數層無住家，完全是天意好安排。

微醉與極樂

如果沒有了音樂，肯定Wagne就不要活了。一列排開早成音樂牆的CD陣，顯示他的愛的功力。過半聞所未聞見所未見的唱片，足見他的精深刁鑽。當然Wagne絕不是獨樂樂的一類，他興奮的純熟的從上千張唱片裡挑出一疊；Reggae，acid jazz，ambient，lounge music，甚至是經典粵語公益廣告歌一曲混接一曲，就在那一台小小的漂亮機器旁，當起眾樂樂的DJ。作為一個貪歡享樂的他的幸運的朋友，我絕對願意就那麼窩在他的沙發裡單椅中，甚至不去理

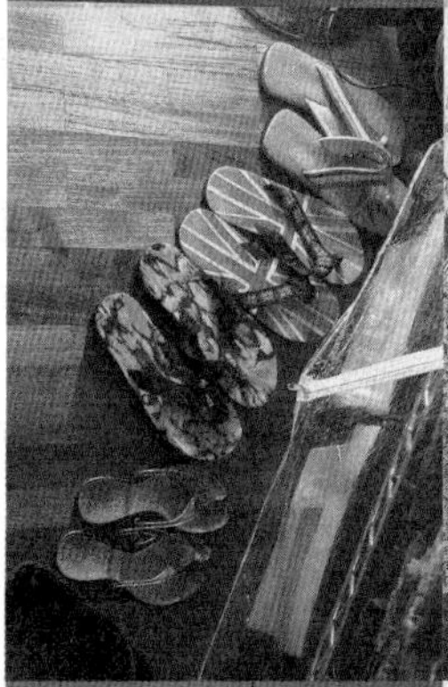

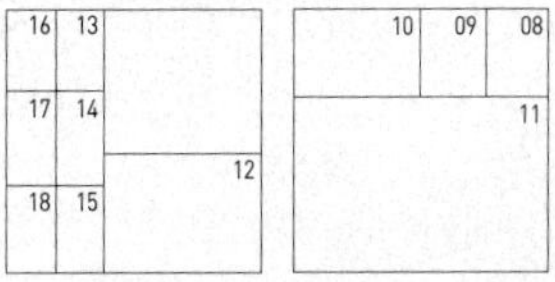

08　衛浴室當然更要放輕鬆，繼續來點浮沉夢幻。

09　重金屬太空裝備分別來自日本來自英國。

10　層層內進，睡房是客廳和陽台的中途站，空間各有各精彩。

11　no music no life，並不只是什麼唱片舖的宣傳。

12　這個小小陽台曾經有過擠進四、五十個醉醺醺的朋友的紀錄。

13　來一場塑料的星際大戰，自家的槍砲捨不得打珍藏的玩偶機械人。

14　收藏起童年回憶中的精彩細節，刺激起設計一眾的今日靈感。

15　捨不得寄出的明信片就好好成為自家珍藏。

16　革命青年英雄偶像，是made in Thailand的掛毯。

17　整齊排列這一堆拖鞋不為什麼，也許只是因為它們的顏色圖案和質感。

18　經典的Mathmos燈組來點變奏。

會這是誰唱的歌誰編的曲，浮沉起伏的或徐或疾的都快樂，都在一波一波趨向高潮。

極樂如此，又怎能沒有一杯在手。Wagne用冰凍的瓶裝維他奶跟我打了第一個招呼，然後源源送上有其他乳白色的混合雞尾酒。我這個貪新鮮又極易醉的，就更因這個誘因而更加放肆——我們平日都太在意成績和結果，太努力太積極去計算和鋪排，輕鬆不了放不下，也找不到什麼人好好的談，原來此時此刻趁著微醉且有樂音作伴，倒真的可以不分先後輕重，無介心沒成見鬧著玩笑著說。這個家也沒有主沒有客，私密同時開放。來這裡的先後兩個晚上，就碰上Wagne的日本朋友台灣朋友，設計師朋友髮型師朋友，朋友的朋友，在共同的話題裡分享夜的無聊夜的懶惰，也因此夜得有意義。

天大地大

夜得多姿多采，大白天的Wagne是個資深廣告人，長時間在擔任協調處理公司內部創作流程的要務，雖然說涉入創作領域，但廣告從來就是服務於客戶特定要求，在規矩裡還是有侷限。從中作樂險中求勝，也讓整個團隊工作得開心，是Wagne一直以來採取的態度和堅持的原則。

其實Wagne身邊好友也不止一次的慫恿

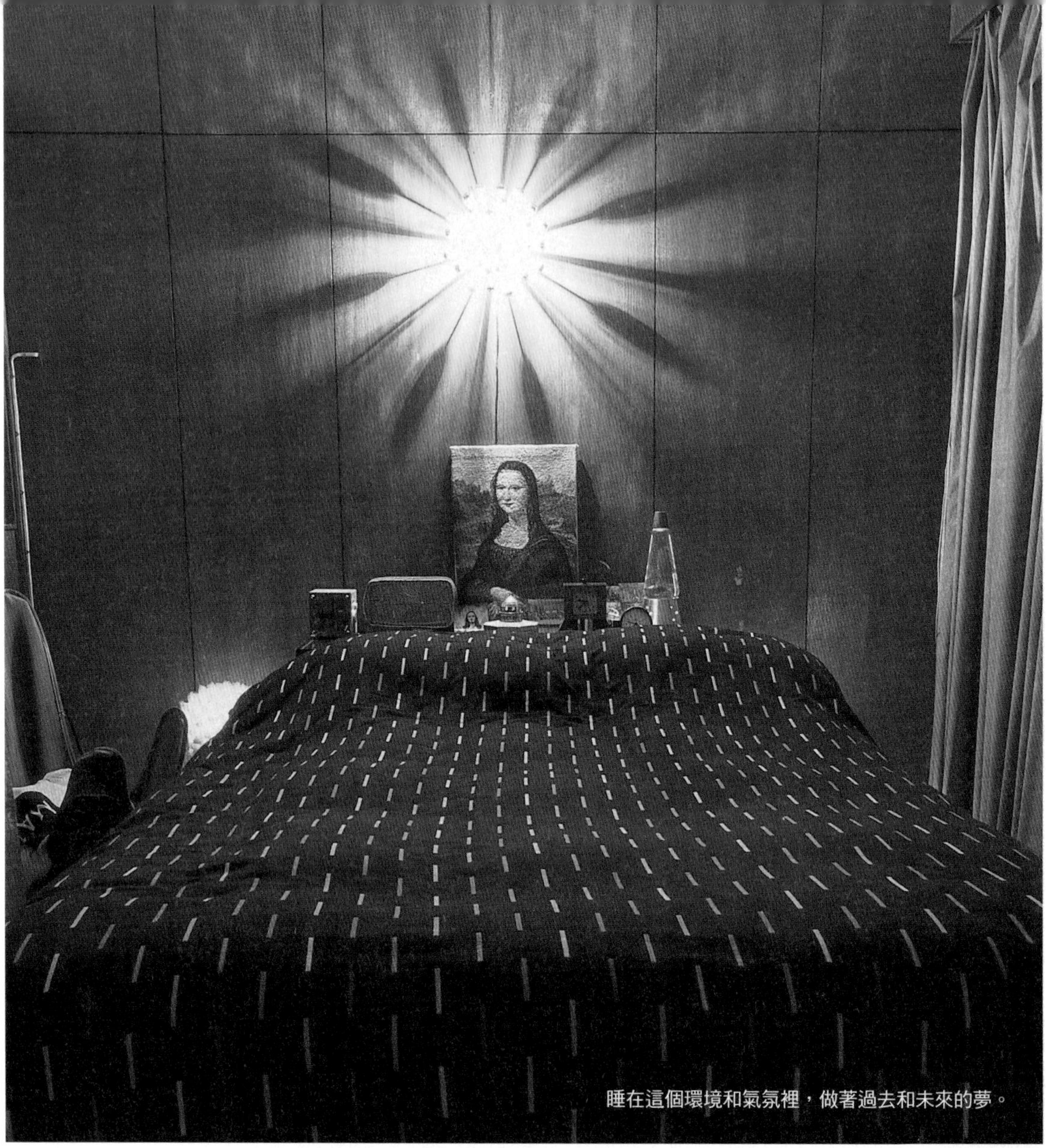

睡在這個環境和氣氛裡，做著過去和未來的夢。

鼓勵他單飛，弄一個有好音樂有好酒有熱茶的讓好朋友去聊天的地方。因為往他家裡跑過的都高度愛賞這個單位領導人，不止好玩那麼簡單。緬懷黃金五〇、六〇年代，不只是浮面的沾一點潮流興衰，倒是願意遊蕩在那個時空環境裡，切身處地認識了解當年各方各地的年青一眾對未來的冀盼，對戰爭的痛恨，對和平的追求，對自由的渴求，那個時代的種種爭取，也是我們此時此刻的需求。最近Wagne也就在作決定，離職先放一個長假，放下種種辦公室積累的糾纏與不快，在一個輕鬆自由的狀態底下再為未來打算計劃。

我們這些貪玩的，當然羨慕Wagne——拿得起放得下，有家可歸又可以從家裡再出發。說真的，對自己的起居空間和生活細節如此專注投入，本身就是一種享受，也同時感染人感動人。我接過Wagne再調給我的有鮮桃果味的雞尾酒，再一次告訴他我其實很容易醉，醉了常常更高興，我也確實知道，往後的夜中環，更有一個醉的藉口。

如果停了電

如果停電，燈就不亮了，就是這麼簡單。

燈不亮了，沒有光，可是燈本身也很好看。我們熱衷擁有身邊的大小器物，為什麼？很多時候，就是因為好看。

Tom Dixon的發光傢伙叫Jack，不亮的時候據說可以坐上去，或是放一塊玻璃便成小茶几。瓜皮鋼片掛燈像太空館，抬頭痴想星空歷險奇遇，還有那玻璃纖維的一團世紀末的璀燦華麗，遙遙與海棉刺蝟爭風吃醋。

各領風騷，各有各好看，好看，停了電黑漆漆的，什麼都好看。

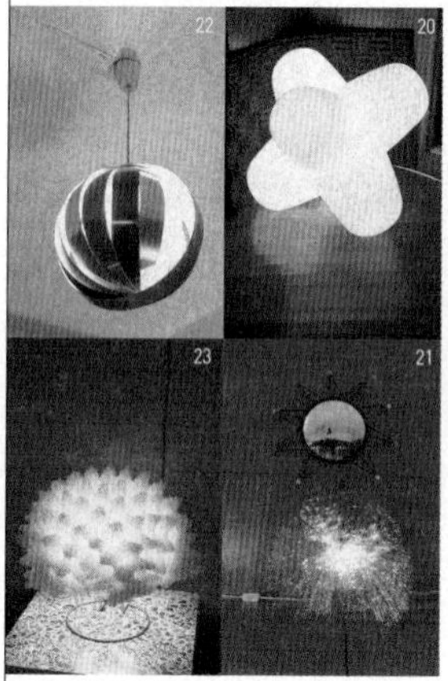

20＋23 Tom Dixon的Jack light和日本女設計師的刺蝟燈是新一代經典。

21 來自台灣，流落香港雜貨地攤的便宜的璀燦。

22 鍍上彩虹色系變化的金屬瓜皮掛燈，是老遠從英國曼徹斯特蒐集回來的寶。

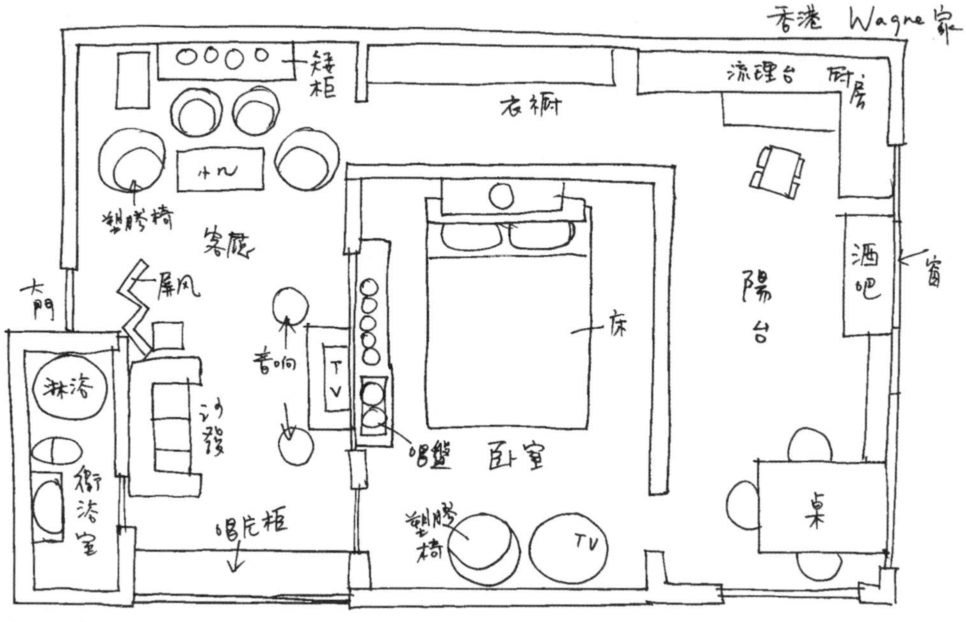

音樂醉人

小時候，真的有一個電台廣播節目叫做「醉人的音樂」。

有點土有點懷舊，換了時空來到面前，喝著Wagne調的不知名的酒，聽著他在一大堆看也沒看過的唱片裡挑出來選播混合的曲子，完全再一次明白什麼叫mix and match，mix好像人人都會，但未必能夠match，這裡的主人就是有這樣的本事，用音樂用酒，早午晚不同比例剪貼配合得正好，目的就是讓你醉——當然我絕不懷疑他的企圖，醉了，我還是懂得走一條跌跌碰碰的路，回家。

24 家庭式混音組合混出一眾的喜樂。

25 輕重多少，調出歡樂的方法與比例。

酒醒何處？

兩杯下肚，何經泰在餐桌的那一端嚷著說，有一樣東西他一定不帶回家。

我們這些陪著喝得興致勃勃的，都以為話裡有話，也衝著他追問下去，那樣東西是什麼東西？

是菲林底片，他幽幽的說。

大伙轟一聲笑鬧，幾乎一哄而散。

山谷深處有人家，移景入室需要一點心思。

說來也完全對，他根本就是住在山裡面，風涼水冷，先不要說下雨天時，就連平日也在雲裡霧裡，空氣濕潤對皮膚可能不錯，但對沖曬好需要乾燥存藏的底片就不很妙，眾所周知，他是資深專業攝影師，壞了底片是要了他的命。所以我繼續上班，他笑著說，起碼底片可以暫放在辦公室。

上班？如果換了我是他，每天上班前都會掙扎兩個小時或以上，因為這裡的環境太好景色太美，連樹連草都格外綠，怎麼捨得離開家跑出去，就讓我什麼也不幹的呆在這裡，讓山風撫面，讓綠光洗滌肢體，還有——

還有那有點昏了頭的鳥兒澎的一聲的撞到客廳的落地大玻璃上，經泰有點認真的告訴我，不是說笑，有一趟還把強化玻璃給撞破了，整幅就這樣碎得稀巴爛，碎片亮晶晶鋪滿一廳一地，幸好那個時候廳裡沒有人。

他看我目定口呆的，還繼續笑著介紹家裡偶爾會到訪的蜘蛛，蜈蚣，蛇和蠍子，還看見過最大最大的正在生蛋的飛蛾。在這裡你會在早上被鳥兒叫醒，刮颱風的晚上有如身在半空中，也因為這裡的空氣夠清潔，灰塵很少，玻璃窗可以幾個月才擦一次。

從新店山上的家每天上班回台北市區，

02 永遠不會叫人厭煩的四季景色，是這裡最叫人讚嘆的恩賜。

03 聊起「家事」，一個看來不修幅的大男人如他，卻是格外的細心。

04 客廳角落，景觀一樣迷人。

05 大量原木材料的運用，溫暖主調自然落實。

06 沙發的靠墊爭取亮一下，為素雅的環境帶來一點熱鬧生氣。

有人大抵怕麻煩，但對何經泰和他的太太來說，跟繁華鬧市保持一點距離卻是絕對必須。

從廢墟出發

開放式廚房那端，女主人為我們周張下酒小菜。何經泰卻不知在那裡掏出一本舊照片本子，翻開一看嚇一跳，我們現在坐得好好的明亮舒適的空間，入伙前簡直就有如廢墟。這裡是小山谷一旁坡上的一幢，結構上算是地下的一層，位置算是很偏，也就是自成一閣。從前的業主不知怎的胡亂搞搞就撒手不管，倒叫經泰夫婦兩人看得出這幢四壁破爛的房子有太多的可能性。

窗外風景，絕對無敵，就看怎樣安排房子的裝潢格局，讓內裡居室與外頭自然環境可以完美融合。腹稿略定，就找來設計師朋友一起商量，把房子的外牆幾乎都變成落地玻璃，可讓空間通透明亮，部份窗台內外都有，把生活空間延伸到戶外，來訪的友人會驚嘆這裡戲劇性的景觀環境，主人卻如此自在的出入平凡日常。

近三十坪的一個房子，乾淨俐落的按需要劃分出幾個應用空間。開放式的廚房連餐廳正對大門，酒友們一進門就可以回家一樣的開懷吃喝，另一端是山色入室的客廳和客房／書房，衛浴室再過去就是主臥房，依舊有落地大窗看星星看月

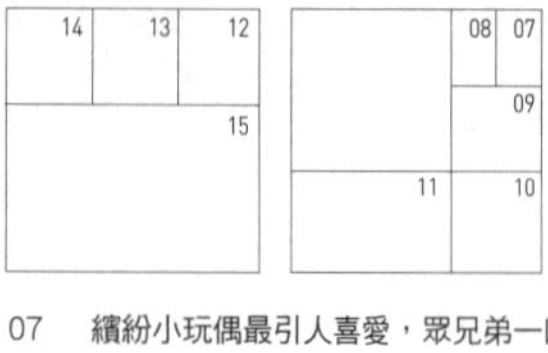

07 繽紛小玩偶最引人喜愛，眾兄弟一口氣都帶回家。

08 各地旅行搜集的一些回憶如今都安坐案頭。

09 這是一把電風扇？其實是藝術家的一個搞怪作品，還會發亮？

10 印有自家肖像的一個裝置創作，露天陳列。

11 書房也是客臥室，灰磚牆與木材質料搭配正好。

12 主臥室都是清清爽爽的，沒有不必要的堆疊。

13 父親就是私家專業攝影師，孩子不愁漂漂亮亮而且一定上鏡。

14 用混凝土水泥板為主要素材的衛浴室，簡單樸素的美。

15 臥室外就是樹林，盈眼一片綠本身有如一種叫人身心舒泰的音樂。

亮。從地板到餐桌書架到貯物櫃，都用上了紋理突出的木材，為家裡先設定了一個親切溫暖的主調，搭配起幾堵用水泥板，灰磚砌起的主牆，加上室外長廊的洗石子地和青石板窗台，素淨含蓄，呼應得正好。

除了在院子外石階梯角露天擺放了自家的一件攝影裝置作品，經泰在家中壁上掛的都是藝術家朋友的創作，有的嚴肅老練，有的幽默開朗，生活的藝術就在乎過不過癮，而特別叫人精神一振的是，廳中沙發和一些顯著的擺設都是亮麗跳躍的顏色，能量十足一室歡樂。

最後陣地

酒喝多了，到室外吹吹風清醒一下，話題還是圍繞酒。

對於從事攝影創作多年的他，酒是很好的觸媒。大抵每個藝術家都需要某一種方法讓自己放鬆一點，當然如何掌握拿捏喝多喝少，把關都靠自己。

喝酒要有酒友，對他這個從來不是問題，而且他一向都好客，願意發掘自己作為一個好主人的潛能，一旦朋友來訪，他都主動的處處照顧關心，換了他到別人家裡，搞不好會酷酷的坐在一角靜靜的喝。

談到主跟客，談到家，談到這個叫他歸

屬眷戀的地方，氣氛稍稍感性地認真起來。經泰談起兒時在韓國長大的經驗，好長一段日子都在反覆思考故鄉的真正定義，故鄉固然是一個地域一個場所，但更多時候是心能所安之處——也就是我們說的家。

家，成了流浪者唯一要回去的地方，他有點玄的跟我說，人是「安定」了才可以有能力「流浪」，這個我得努力去理解一下。

外表看來粗率但其實心思格外細密的他，談到自身經歷的感情挫折，更叫他重視家這個關係家人的單位，與婚姻一樣，家不是枷鎖不是包袱，家是一個承諾。大家必須認識了解清楚自己在家裡要負起的責任，一切快樂都建築在相互尊重和包容上。家，有若最後陣地，而且勝券在握。

至於一旦喝多了，在那裡醒來最安全？這還用說，當然是家裡自己的床上。

難得完美如此，皆因用心爭取。

捨不得都是綠

雖然外頭下著小雨，還是要爭取走出去踏踏青草地，即使是馬上染得一身都是綠，我絕不介意。

城裡當然也有樹也有綠，但不知怎的都失了色，不能給人那一種興奮那一種能量，還是必須回到山裡去，不必有什麼古剎什麼飛瀑什麼壯麗奇景，就給我一片綠，與綠有緣，已經很好。

17 洗石子的外牆有一種沉實的素淨。

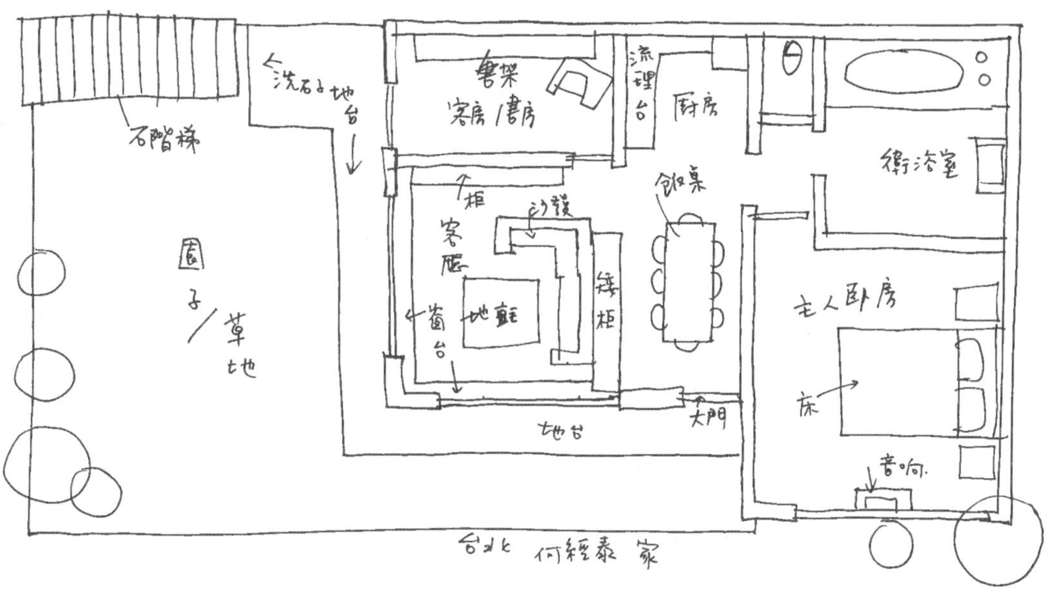

喝得開放

不必喝醉了才會乘興三歡呼，開放式廚房真的好！

有條件的話從設計房子空間間隔的時候就做好決定，只要裝設好強而有力的抽煙系統，不必把自己關在又小又侷促的廚房裡，滿頭大汗手忙腳亂，外頭一室歡聲笑語與你無關多可憐。

反正不是廿四小時分秒營運的大廚房，破壞不了一室原來的整潔。就讓廚房也真正成為一個日常生活的交流的空間，甚至一切家裡的話題都圍繞廚房展開，有色有香有味都是生活享受，饞嘴的你這個不難想像。

18 天南地北，在家裡最能放輕鬆，無顧忌無所不談。

19 有酒有茶，一室溫暖笑語。

粗獷溫柔

劉彥，面前的一個粗壯穩實的東北漢子，話不多，而且一字一句有板有眼的，叫這室內的時間彷彿流動得格外緩慢。

簡潔拱門營造出的竟是異地修道院的一種氛圍。

也正好，好讓我能在這一時還無法解釋這裡的奇異和震撼所在的空間裡，能夠慢慢的再感受，是空氣中飄浮著那種純正和細緻的感情？是環境光影顏色沈澱出那種樸素和實在？又或者是劉彥本人那一種淡然蓋過了原有的躁動？我只知道，一踏進這位於京城北郊燕山腳下，上宛畫家村裡的劉彥的家，我的情緒就一直被牽引起伏。

神聖的清冷

我們不妨敏感一點，都該學懂主動的去感受每日走進的每一個室內空間，喜歡不喜歡，都希望說得出一個所以然。

劉彥的家是二層高的紅磚外牆混凝土結構樓房。他坦白的說九七年蓋這房子的時候並沒有怎樣重視建築設計，只是把具體結構要求計劃了一下，就讓施工的去把一切營建的工序與規模自行決定，反正在既有的經濟條件底下從很功能的去考慮，房子就是房子，只要跟想像中的差異不是太大就行了，唯一要求的是室內面積要夠大，畫室，陳列室儲物室，起居空間都得寬敞，好讓人在當中活得自在——從房子的側門進去，叫我一怔的是地面的一層完全空盪盪，刷白了的四壁牆沿整齊有序一幅接著一幅排開是劉彥的油畫創作。這一批橫跨多年有先有後的作品，畫的全都是故鄉吉林長春的街巷郊

02 天窗自然光是上天賜予創作者的一種幸福。

03 二層紅磚樓房，與四野景物渾然一色。

04 東北漢子的粗獷外表，劉彥有的卻是冷靜細密的思路。

05 進門眼前一亮，空曠當中排列有序是自家的油畫創作。

06 室內的光影變化無窮無盡，絕不比窗外風景遜色。

07 地面一層另一端有小客廳會客見面。

野，都是寫實的山水風景，當中的靜謐幽暗，彷彿都是回憶中的印象顏色，正與這個故意有點清冷的環境絕配，加上通往小客廳平台的那一個拱門，叫人聯想起修道院小教堂的莊重神聖。作為一個畫家，為自己爭取安排這樣一個純粹陳列展示的空間，肆意卻又理所當然。

簡樸的溫暖

沿梯上樓，赫然又是另一種風景。一端依然是素白的牆，另一方卻是清水混凝土的一堵灰牆，與泥黃的地磚設定了整體基調。靠畫室的牆並列了三道門，再拐過又是門和窗的，不修飾，完成與未完成，有的可通行，有的卻成了擺放電視和音響的位置，不刻意不介意。

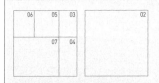

劉彥說畫室的部份是修改了原有的結構去年所加建的，還有一個透光的天窗和一排落地大窗，可以讓自然光好好進來。畫室就留有營建時原來的水泥顏色，斑駁灑落得很有味道，午後陽光在這個空間裡自在滑行創作，叫面前有意想不到光影畫面結構，煞是好看。

從畫室鑽出來，就是一個開放式的起居空間，一端是廚房，兩組隨意組合的桌子椅子，靠窗的另一角落是簡單的書櫃書桌，再過去就是小小的衛浴和臥房。盡眼望，這裡沒有華美高檔傢具擺設，大多是自己動手的成品：一組漆上草綠

的結構厚實的櫥櫃（出奇的有意大利八〇年代孟菲斯後現代風格！）一幅紅灰陰陽圖案的桌面，書架書櫃也是手工自製的，簡單俐落。還有穿插其中的老式傢具，舊皮箱，都是家裡上一代的往昔生活痕跡。

生活日常中的杯盤隨意放置，與牆上的自家畫作，瓶裡插的一葉半枝花草，環環緊扣渾然一體，比真實更真實，樸素本來就叫人心動。樁樁件件都有自己的功能和位置，磊落大方就是這裡的神奇所在。

變換的場景

大學時代劉彥唸的不是美術系，他的本科是物理系理論物理專業，正式繪畫創作幾乎是畢業後才開始的。

從早期寫實的風景描繪開始，劉彥從九三到千禧年的好一段日子裡，改換了創作路向，用了大量混合材料，參與先鋒前衛的概念藝術創作。親歷了解一番之後，發覺這種抽象的內容和形式，跟自己真正內在的思想感情並不協調，當代中國社會環境資源條件也並不是太成熟的能夠配合，難以進行進一步的創作探索。因此他決定重返具象寫實，再以一個風景畫家的身份出現——其實怎樣定義風景畫家也並不重要，劉彥心中的風景不是繁華熱鬧的，卻都是簡單純樸的北國城鄉，周圍有學校有工廠，有兵營有

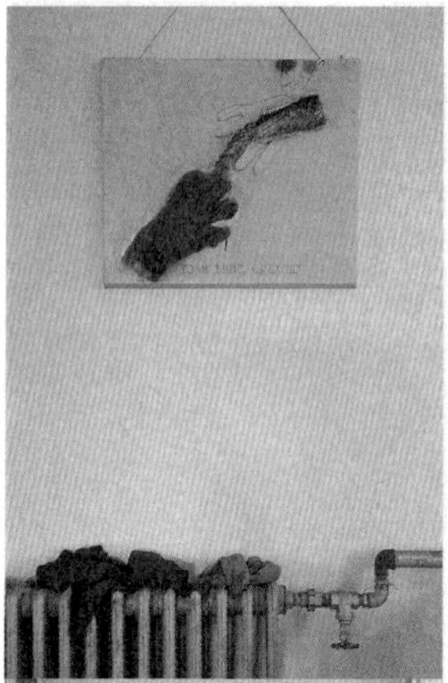

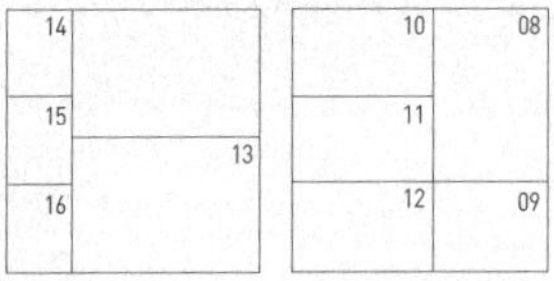

08 未完成，創作中，無限可能性。

09 一列落地側窗，叫室內光線更充裕更多變。

10 粗獷同時細緻，豪邁卻又溫柔，人如是空間也一樣。

11 轉身上樓面前三道並列的門，不修邊幅的有一種原始的放任的快意。

12 大廳另一端是書櫃書桌，自行設計製作的有合意的比例有一種穩實的重量感。

13 都是沒有花俏雕飾的傢具設計，俐落乾淨完全配合這個環境。

14 自家的創作當然的與家居環境構成一個又一個畫面。

15 角落裡的老傢具，為這個空間添加了歷史氛圍。

16 臥室一角，私密且溫暖。

操場，還有大量的樹木。無論是早晨是黃昏是晚上，調子總是冷靜的，有那麼一點深沉一點傷感，但也像並沒有發生什麼。也許我就是被這種情緒所觸動，置身其中是一種緩慢的美的享受。

劉彥早年有過一段婚姻，但他憶述起來「彷彿已是隔世上輩子的事」。他倒是挺享受快要十年來的單身生活，至少出外寫生創作不必心裡還惦著什麼「有一條線在半空懸著」，能夠與周圍風景好好融合，完全活在自家的創作天地中，有代價，也自然。

正如身處的這幢房子這個家可以慢慢的添加改建，刻意的隨意的可以共存，顏色場景氣氛可以改換，活，就是要能活，要好好活。活得豪邁粗獷也活得細緻溫柔，劉彥心裡有數。

如此神奇光影只屬於北方的時空環境。

生活就是創作

跟藝術家談起創作，固然可以風花雪月也可以慷慨激昂，更有各執己見爭持不下的，到後來都累壞了。

跟劉彥談到他的創作歷程，倒是通透明白的。他太清楚自己怎樣一步一步走過來，也對將來的去向有一個明確的構想，更叫人愉悅的是，當談到面前的生活裡的一些自製傢具的時候，他更是一臉滿足和興奮。我一直在打量的手繪餐桌面以及那幾個比例恰好造型簡潔且漆上亮麗翠綠的櫥櫃，都是精彩有趣的自家創作。創作人也許不是生來就會創作，創作也不一定要放在什麼藝術館什麼畫廊。唯是越對生活投入，在家裡肯花時間肯動腦動手，創作就越精彩，生活也一樣。

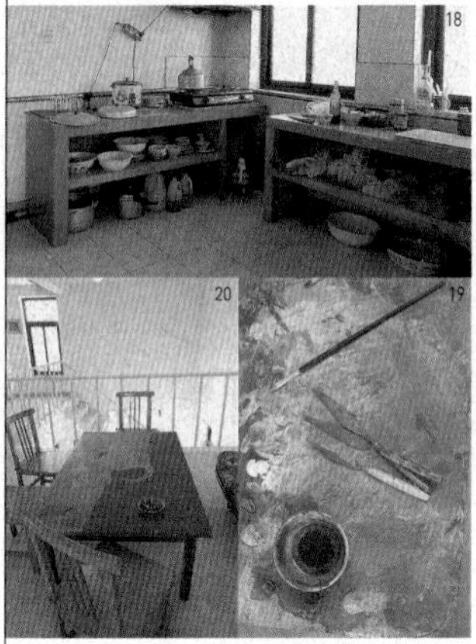

18＋20 DIY傢具創作，無論是手繪桌面還是鮮艷櫥櫃，都有強烈的個人風格。

19 調出自家的顏色，活得比誰都精彩。

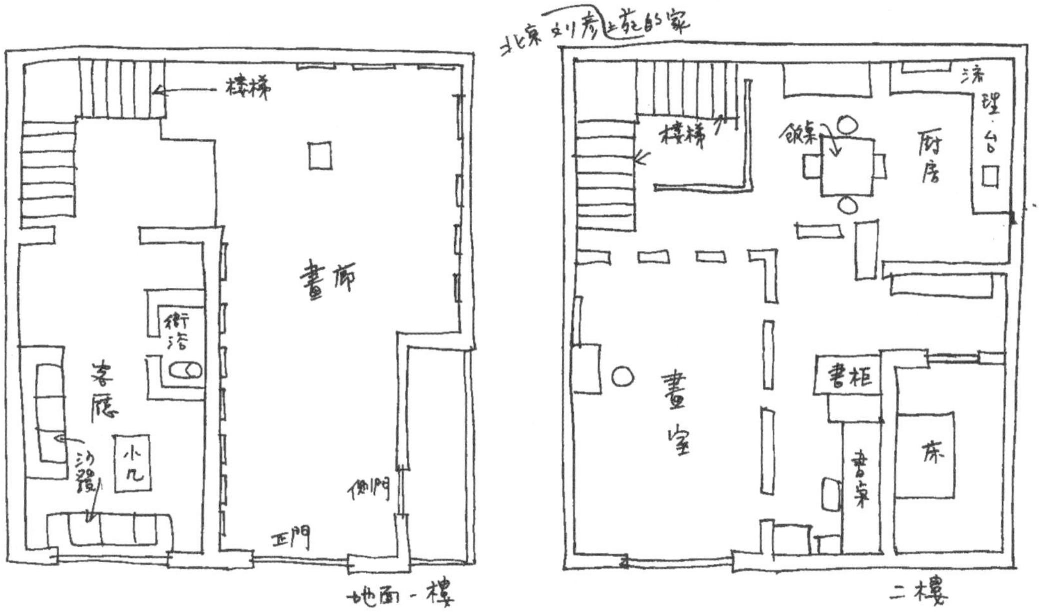

戀戀日常

我想我是幸運的。走進朋友的家，聽他們她們細說生活的種種喜怒哀樂，創作旅程中的嘗試失敗再嘗試，更加上身處他們她們傾注了無數精神心血打造的一個屬於自己的家居空間，分享到當中珍貴的生活經驗，我只有感激。

更令我覺得幸運的是，無論原來天色如何，總有那麼神奇的一刻，陽光從窗外進來，投射反射出種種厲害光影，都落在那些日常的生活器物身上。這回在劉彥的家裡，我簡直被這叫人驚訝的一個又一個平凡畫面迷惑住了，越簡單越富足，就此認定了。

21～23 生活日常就是細碎如此，亂中有序，從來踏實。

24 一張木椅，坐過多少代人？

輕重冷熱

奇怪，貓貓躲到哪裡去了？

知道她高貴也明白牠害羞，但每回到Almond朱德華和Ann的家裡，總會偶爾看到牠的身影，一身黑漆油亮的在你眼前輕鬆搖擺而過，或者安靜的懶惰的躺在某個角落，牠知道，牠是這裡得寵的，牠是主角。

客廳臨陽台一角，椅子與椅子有跨越時空國界的對話。

其實貓貓你錯了，這裡的主角多的是；從進門開始，牆邊有英國設計師Jasper Morrison新登場的原木夾板框架單椅，靠陽台有美國設計前輩Eames夫婦檔的有機形體玻璃纖維La Chaise，打個照面有老上海西式舊躺椅，椅座懸浮而且椅背還是皮革的。書房裡主角是意大利世界級設計怪傑Carlo Mollino五〇年代的原木架構經典躺椅，還有珍藏的大師攝影原作和心愛照相機舉足輕重，衛浴室有那古老有腳浴缸最出風頭，臥室裡那兩張套上純白厚棉布椅套的老沙發相互輝映，還未把陽台外一整片青翠綠樹算進來，甚至那漆得光滑亮麗的地板倒影著家裡每一項細節，凡此種種都叫進來的人眼前一亮，都是這裡家居生活的當然主角。

追求輕重

也許你有過這樣的經驗，走進朋友的家，很舒服很喜歡，碰這碰那都覺得是主人的細密心思，但要簡單直接的說出好在那裡，又不知從何說起，也總不能隨便的就說都好都好。如果要我說出對面前這上千平方呎的空間的整體感覺，他倆口子著實是成功而又準確的為這裡設定了一個輕的主調。

從整片的乳白微灰地板，白牆白天花，白石餐桌面，棉布料面白沙發，白玻璃纖維單椅，幾道透明或半透明的玻璃門，清玻璃燈具，鋁銀色圓凳，白棉麻床單

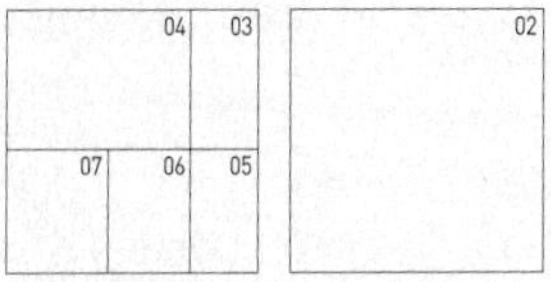

02 最令人羨慕的陽台風景，一年四季晴雨不同的光線盈眼的綠。

03 穿得一身灰黑是朱德華的慣常，在明亮潔淨的環境中追求對比和份量。

04 選擇了輕快的乳白主調，尤其是光潔明亮的地漆，把室外室內的美都來一個倒影呼應。

05 越是簡潔的幾何形體，其造型要求就越得準確細緻，挑一盞合意的地燈也花去不少心力時間。

06 來自瑞典女設計師的一磚玻璃「冰」燈，是一個刺激起詩意想像的精彩光源。

07 生活的隨意和刻意，都反映在小小一方桌上佈置中。

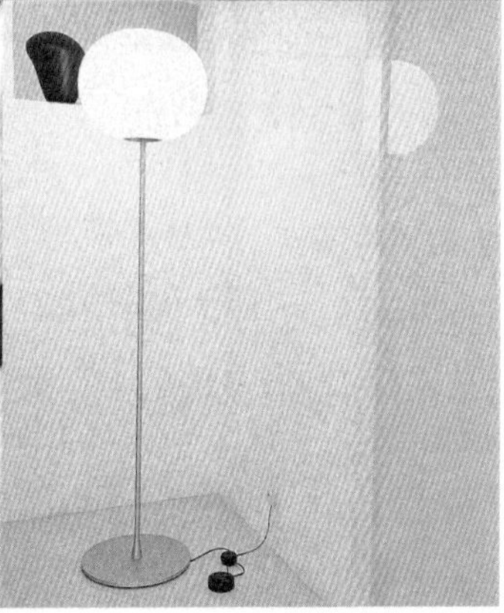

枕褥，純白浴簾，全白古典浴盆……，要細緻要全面，就得一絲不紊的把樁樁件件都安排協調好，能夠相互呼應又各顯厲害，可是一門不是說笑的學問。

當然要把輕的主調拿捏得好，要注意的卻是空間裡的重的份量——作為專業攝影師的Almond，自家的黑白人體靜物照，珍藏的大師經典，摯友的創作，有整齊的依牆懸掛，也有隨意的靠牆邊疊放，作品的主旨內容，畫面佈局結構的技巧，背後的深邃意境，都是重量級，都為這個家居空間添加了質和量。還有的是幾件性格獨特的傢具，包括來自上海的一張二三十年代西式躺椅，Mollino及Eames的大師級經典，並非為炫耀而擁有，反在生活中來得親切自然，重的是一種要求一份心意，與環境的輕快也正好有了一個巧妙的平衡。當然還得一提的是男女主人都酷愛穿一身的黑，這就更凸顯對比出當家的份量，也不要忘了工作室書房中一整幅書牆……

凡事有輕有重，作為一個安居的家，也正是在協調組織日常生活中的種種輕重。

冷熱尋常

經過了早年在日本研習攝影回港後的一段長時間的拚搏日子，也從各自獨居到選擇終於走在一起組織自家天地，周遭人事或急促或緩慢的在變，真實且虛幻——難得的是還能夠有選擇，能夠安然

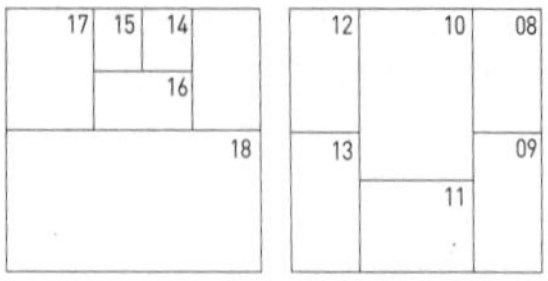

08 新收藏的前輩攝影家Diane Arbus的名作，陳年好酒，心愛相機……理想的生活，不止的追求。

09 對室內環境的細緻重視，當然少不了對音樂和影像的嚴格要求。

10 意大利設計怪傑Carlo Mollino於50年代設計的一把造型奇特兼可調節椅背的躺椅，是書房裡的主角。

11 一塵不染也許是種奢望，但乾淨俐落總是可以執著堅持的。

12 對摯友一個遙遠的思念，已故雕塑家麥顯揚的作品在這裡佔一個重要位置。

13 當工具成為伴侶，當器物成為摯愛，當中感情關係非筆墨能形容。

14 飯桌一角，簡單日常生活，自然的美。

15 隨手添活潑生氣，生活的細節不得忽略。

16 家裡的另一主人，愛貓的倆口子的寵愛。

17 衛浴室堅持素淨簡潔，最花俏的看來就是那古典浴缸。

18 臥室的親密感覺來自各種棉麻布料質感的溫柔配合。

的篩選喜惡，為自己爭取的種種條件，安排的每一個步驟，沒有錯，沒有悔。

所以當有人會好奇這偌大的空間是否有點「冷」？作為客人的我倒可以替主人說幾句話：乾淨俐落是倆口子一向行事作風，不要忘記相紙本就光潔雪白，且有一種科技的冷——但一經曝光顯影，黑白彩色都出來了，有細緻的質感的美，有熱鬧的內容的好，廚藝高手Almond的拿手菜式值得另文大書特書，所以當這個空間高朋滿座，一眾酒酣耳熱天南地北，就絕對是一個「熱」的好地方。

冷與熱，個人與群體，休息與工作，生活本就是一個整合一種關係，如果處理這冷熱之間的種種變化，這裡也給大家做了好榜樣。

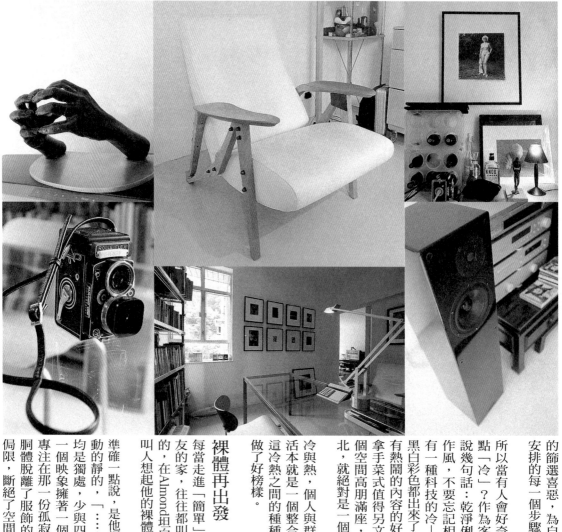

裸體再出發

每當走進「簡單」得其實得不簡單的朋友的家，往往都叫我浮想起伏。說實在的，在Almond坦白如此的家中，不能不叫人想起他的裸體。

準確一點說，是他攝影的裸體，人與物，動的靜的，「……大多變的物件或人體均是獨處，少與四周環境連上關係，每一個映象擁著一個獨立的個性，令觀眾專注在那一份孤寂的莊嚴。……裸露的胴體脫離了服飾的拘束，擺脫了時間的侷限，斷絕了空間的牽絆，……」他眾

多的攝影展中有一份場刊有過這樣的自白。

作為少數在商業繁重的壓力以外，十年如一日的堅持有這個藝術創作空間的他，不諱言創作過程中經歷過不少考驗，有過掙扎和遲疑，但也就是因為不離不棄，漸次演出更加簡潔的構圖，更明朗的線條，黑與白，以及當中千變萬化的細緻的灰。

把他藝術創作歷程軌跡重疊於面前的家居安排，再加上認識他身邊的Ann近年也一直在統籌各地藝術家作家詩人的創作企劃，更加叫人感受到兩人合力安排的家常生活，從當年的刻意經營，到如今的輕描淡寫，歲月磨練，沉澱積累出一種修為和素養，一切就如從裸體再出發，真誠坦蕩，黑白分明，連當中的種種輕重冷暖的灰，也都有趣。

依然明亮的小小書房，層疊的藏書，
井然陳列的攝影經典作品鍾愛集一室，幸福不可言。

寵一下自己

一室摯愛，要問朱德華首選哪一椅哪一件，他得在屋裡來回巡行，然後還是一屁股坐進Eames夫婦檔四八年設計的La Chaise當中，答案不言而喻。

嗜椅如命，這一回是先斬後奏，歷時經年的掙扎，首先是買了Vitra博物館的一個La Chaise微型比例版本，再悄悄的下了訂金然後才通知女主人，寵一下自己大抵不必藉口。這把玻璃纖維雪白椅殼的流麗經典，是當年提交給一個「國際低成本傢俱設計賽」的作品，當然一看估價就知生產成本不菲，也因如此卻成了設計傳奇。

除了男主人，家裡的高貴的黑貓也愛死這把椅子：滑溜涼快的椅身和椅背的那個洞，是貓貓練雜耍和跟自己捉迷藏的上佳場所。

20 流麗的形體是不可抵抗的誘惑，Eames的五〇年代經典La Chaise。

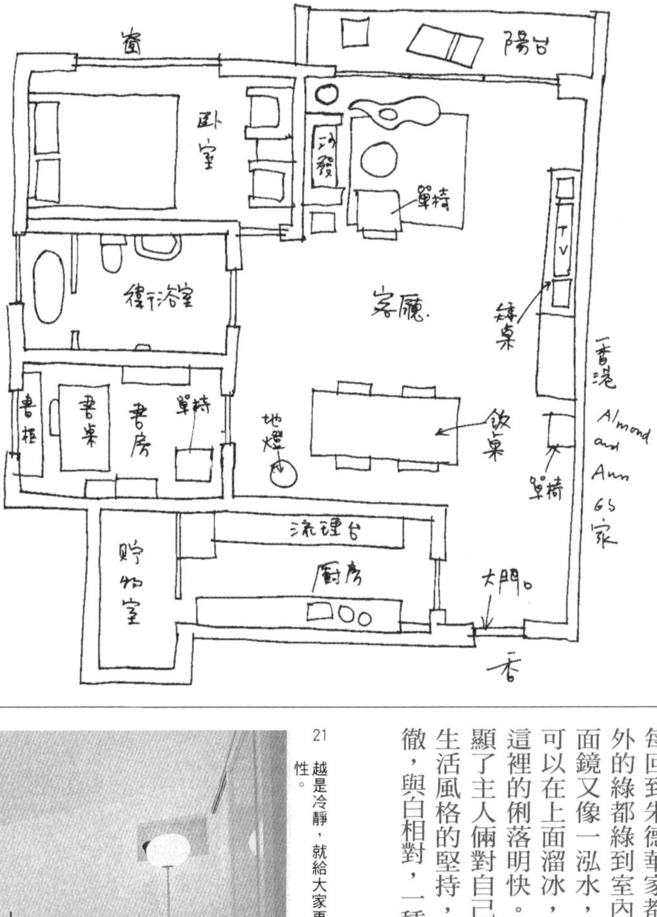

快活的對白

到朋友家裡真好玩，尤其是那些徹底的痛快的。

每回到朱德華家都是好天氣，陽台外的綠都綠到室內，乳白地板像一面鏡又像一泓水，甚至叫人誤以為可以在上面溜冰，一邊溜一邊讚嘆這裡的俐落明快。選擇這個主調突顯了主人倆對自己的決心信心和對生活風格的堅持，白得盡情白得透徹，與白相對，一種樸素的快活。

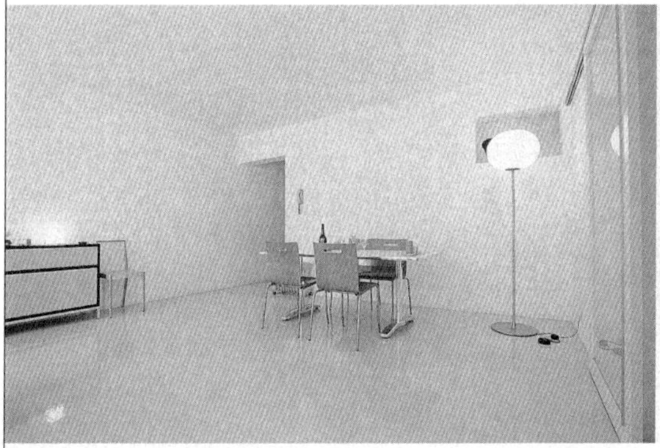

21 越是冷靜，就給大家更多熱烈熱鬧熱情的可能性。

始終簡約

不太敢去陳瑞憲的家，怕的是去了就賴死不走了。

屋裡空蕩蕩的，真好。一室看來隨意其實是左思右想千錘百鍊的，這邊放一張沙發那邊放一盆花那邊桌上有一個碗，拿一本書跑出陽台去看，到了那裡就不願意再看書了，這麼好的陽光這麼大片大片的綠，實在太不像台北了，偏偏這就是鬧市裡那麼一拐彎，就是這麼可愛的老社區。

這裡的室內倒真的不怎麼樣，Ray當然謙虛的說，最珍貴的就是窗外的綠——

乾淨利落方方正正的厚實白棉布料沙發是這裡的必然選擇。

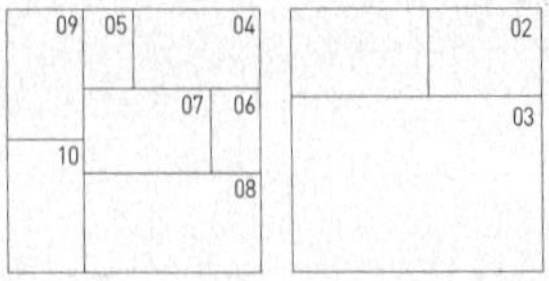

02＋03 陽台外有一方水池，等雨季等盛夏有不同景致，今天有的是大好藍天。

04 到過陳瑞憲的辦公室的朋友，當然會被那裡地下／空中的資料室圖書館嚇一跳，此刻帶回家細細閱讀，當然是更精彩的選擇。

05 饞嘴的主人偏好一切精緻的食具器皿，餐桌當然也不能隨便，大理石紋路與美食一般精彩。

06 有如紙捲的地燈，形狀越簡單就越有力量。

07 轉身望去大廳另一端是落地玻璃開往陽台，盈眼一片綠，叫人讚嘆。

08 進門已經是一片開闊，叫人再一次肯定開放空間的重要。

09 無論是精挑細選的家用擺件還是好友相贈的藝術創作，能夠在這裡佔一位置的都和諧協調。

10 要說簡約，自家傳統明式傢具先行數百年，領盡風騷。返簡約的思考。

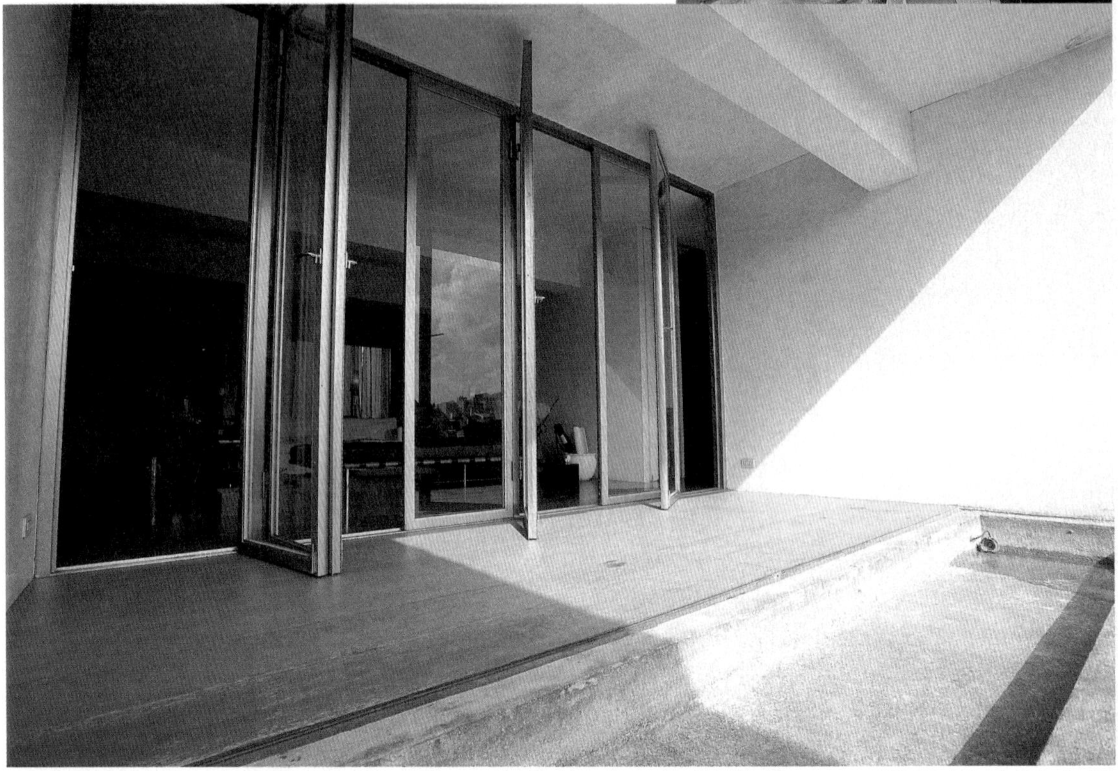

陽台外望的小公園見樹又見林，床後窗外也有一叢一叢的樹，側廳外望也還是綠，風過樹動，綠光也著實叫人心神晃動——進屋坐下，不怎麼想開口談話。這麼舒服的環境叫人懶。就喝個茶吧，就在沙發中單椅裡躺著躺著糊糊塗塗的打個盹吧，幾乎肯定，做的會是簡單乾淨的夢。

又便宜又好

遠遠看陳瑞憲，陌生人會有點猶豫，該跟這位貴公子怎麼開口談些什麼高檔話題。其實不妨走近一點，他穿的白恤衫其實是皺皺的，而且是佐丹奴。

可以高貴更應當便宜，打從許多許多年前跟他認識，就知道他有這個高低兩手點石成金的能力，這也是他生活樂趣的所在。

就這樣打開他這租回來的五十二坪的房子的門，你一定會以為這裡一定是用了天文數字來裝修施工，不然怎來這麼的寬敞明亮，寧靜雅緻。但聽了他透露的實在價錢，你不得不佩服他——這不只就是精打細算這麼簡單，當中有的是他從來就堅持越來越清晰的設計原則。

空，他很清楚自己要的是空間，是透明，是自由行動。所以當他八年前走進這幢破爛的漏水的甚至第二期工程還未完成的像地盤一樣的房子裡，嚇一跳同時也心大喜，憑他的專業敏感，他知道這是

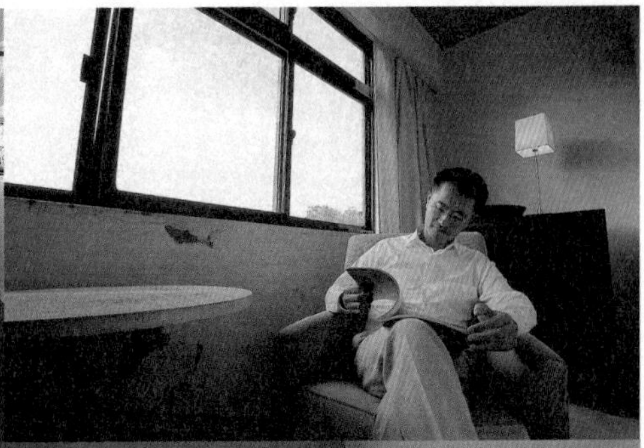

一個有趣可為的空間，看的就是如何大刀闊斧的把原來的房間間隔都一一拆掉，用的完全是減法，處理的不是這一小方那一小角落，想的是整體空空的大空間，當這個「盒子」好好成形，裡面放什麼糖果餅乾也應該好吃。

然後堅持的還是要便宜，Ray說他那個時候很窮（當然窮也得風流快活！），他沒有添置任何新傢具，他用的地板是便宜夾板處理上漆，他省錢的留下了很多外露的水泥牆板沒有鬆色，他把花槽改建成浴缸，他把人家留下的舊屏風框架上了漆裝嵌成落地大鏡，他的廚房流理台牆面只裝了一片白雲石，往上就由它是磚牆白漆，衣物間也省了一道門，拉開布簾露出牆身如施工地盤的粗糙的錘鑿刻痕……

當便宜節約成了一種得心應手的動作，誇張的說法就是已成自家美學，隨便道來其實也就是日常聰明智慧。也許我們都對那些其實極度刁鑽揮霍的所謂簡約風格有保留有異議，所以就更樂於探索實驗真正的簡單和實在的節約。

一味把簡約掛在嘴邊沒有什麼意思，就先學懂怎樣扔東西吧。什麼該滾什麼該留，身邊最需要最不需要的是什麼，其實是每個人必須清楚認識自己才能回答自己的首要問題。有了答案就該付諸行動。扔東西的過程一併整理自己的財產（！）

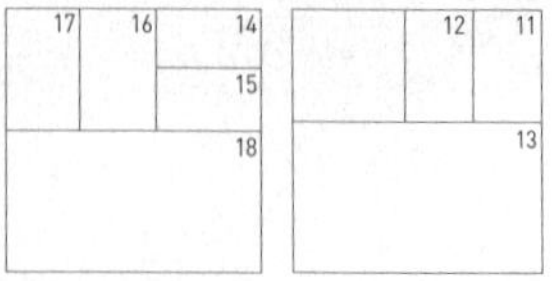

11　不能忽視的是這些隨時牽引回憶和想像的發光發亮的家居小道具。

12+13　衛浴室乾淨地，就讓這個清潔的感覺盡地發揮。

14+15　睡房另一端是書房／工作房，留一片水泥天花，也是一種執著和堅持。

16　全屋最設計最乖巧的恐怕就是這一對來自意大利的籐編椅子了。

17　通往睡房及工作間的走道，盡頭又是另一風景。

18　叫人又羡又妒的睡房窗外景色。

身無長物四大皆空，其實是最最流行的生活空間境界。

節約途中也不妨貪心一下，Ray為了享受多一點綠，他把陽台的欄杆拆去改成小水池，池中倒影有天有樹，鏡花水月實在奢侈。

不經不覺搬進來已經有七八年的時間，陳瑞憲自覺在這個大膽果斷的隨性適意的生活空間裡越來越放鬆越來越享受——無論是一個人住也好一家人住也好，最重要的還是要學懂選擇；讓室內的空間盡量開放盡量多功能，讓間隔隨機應變，正確的理解所謂隱私，如果已經是一家人，太強調隱私而犧牲了空間的享受，實在不智。看來Ray還是對那些沒門沒窗沒玻璃的自出自入的理想房子有憧憬，一切未完成，一切有可能……

未完的夢

有了這麼舒服滿意的家，該滿足了吧——

當然不，這個我可以替陳瑞憲回答身邊疑惑的一眾。還記得多年前有天夜裡探訪他從前的座落於東區某國宅的高層的家，那是一個有如舞台裝置的極具實驗性的小空間——實驗不同高度的各層平台，是床，是椅，是桌，實驗各個燈光照明分區氛圍，也實驗同一個空間在早午晚不同的功能……那個時候的他剛起步，旋即全速前進。多年下來他成功的

與拍檔們成立了頗具規模的全方位事務所，設計過無數精彩的居家和公共商業空間，最為人熟悉的當然是誠品書店的台中店，新近開幕的高雄店，……他的生活的工作的經驗豐富了穩厚了，但步伐並沒有因此而放緩下來，他還是那麼留意社會生活潮流時尚的變化，因為他清楚明白無論一個居住空間還是一個公共空間，都必需與時並存並進，作為一個「服務性」的建築設計師，必須與業主一起「活」在當下，配合協調業主的需要而並非滿足一己風格的實驗，而他也從「個人」的作業轉進群體的合作模式裡，作為工作團隊的領導，怎樣收怎樣放，學懂予人機會，讓自己意念中的架構在眾人的參與下更加豐富有力，長路一步一步走來，不容易不簡單。

不該讓自己就這樣就滿足，這麼多年的案子都以室內設計為主，Ray總希望有天能夠正式的完成一個建築的項目，畢竟這是當年赴日「尋道」之際承許自己的心願。酷愛旅行的他也當然還有很多很多的目的地，也相信一定要爭取在某些歐洲城市住下來，才可以真正的享受那裡的建築，設計，文化……

因為有了這樣一個簡約的家，人是會變得越來貪心的，貪心的去開拓，去吸收，去進取。「有人會很有野心的去找機會，我只是希望把事情做好。」Ray一臉認真的說。回家很好，貪心也不錯。

衛浴室的淋浴處是改裝的神來之筆，
線條俐落有南歐海岸民居的粗樸。

時裝走廊

記憶中，Ray的家裡，從來都沒有衣櫃。

傳統意義中的有間隔有掩門甚至有鏡的衣櫃，怎可能放得下這位主人的衣服收藏，說到收藏，雖然盡眼望去都幾乎非黑即白，非灰即藍，但當中同一色系的各種質料各種輕重厚薄，仔細微調，還未說到不同設計大師的各種剪裁造型風格。更何況從顯赫名牌到街頭便服，Ray都深懂箇中三味，如此下來，小小衣櫃怎能鎖得住各領風騷的衣服。

唯一解決方法就是走進衣櫃裡去，把室內空間先來規劃處理，從走廊這一端走到那一端，三分鐘內，深思熟慮，穿一身愜意可以出門見人。

20 衣物間其實是時裝走廊，我想你懂我的意思。

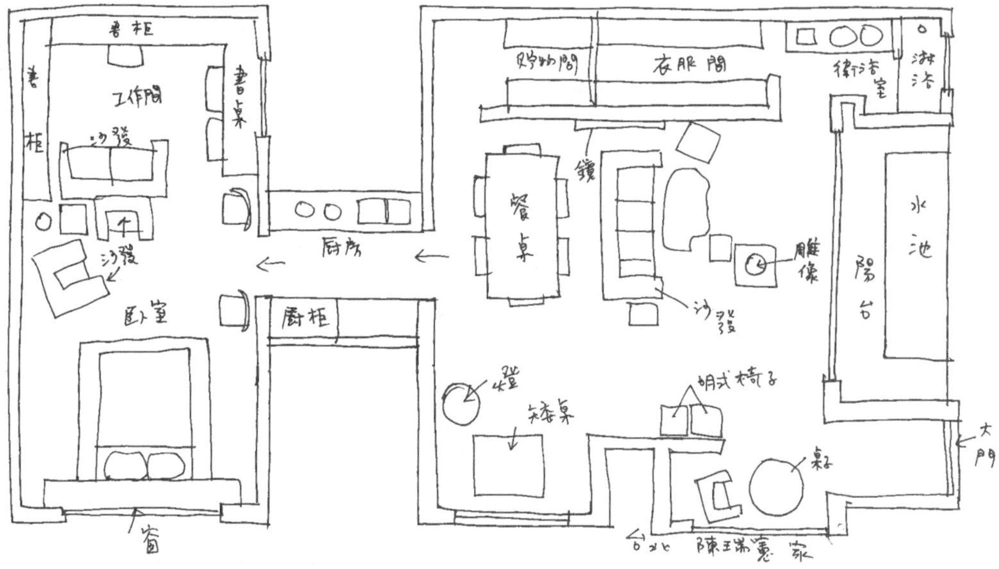

饞嘴是種恩賜

摯友當中鮮有不饞嘴的，也許不饞嘴亦很難成摯友。而更加惺惺相惜的是那些熱衷在家裡做菜的，Ray是當中表表者。

大家都忙，已經有好一陣子沒有吃過各自做的菜，味道有點淡忘，但印象依然最深的倒是吃飯喝湯斟酒的各種盛器，也許是他那些根深蒂固的日本傳統文化的影響（天啊，這該都是我們中國傳過去的吧），那些精美的陶的瓷的玻璃的金屬的食具，都是食物的「房子」，盤中碗中都有「室內設計」甚至「建築」，在他家裡兩個人用餐需要一張特大餐桌，可得說清楚，作為客人，我是不會洗碗的。

21 開放式的廚房其實在客廳與睡房的走道上，流理檯也是好客的主人常常駐守的地方。

22 櫥櫃中一列精彩的陶瓷和玻璃，既是日常應用就更得講究。

23 灶頭正面的一堵牆，就是故意留下的裝修前的舊質感模樣。

完美下放

初冬午後，上海，十五樓高層，殷紫和我站在她家陽台上，盡眼望是上海繁華地段，對我而言盡是陌生的熱鬧——林立眼前有商業大樓，賓館飯店，機關單位，還有尋常百姓的里弄街巷。雖說站得高看得遠，其實我還是弄不清東南方西北向，更無從跳脫的往來時空，把早從書本上看了又看的百年上海興衰變遷市容改換在眼前對照引證。「你看那邊那一整幢泥紅屋頂的老房子，是我姑媽的家」，殷紫指著巨鹿路的另一端不遠處跟我說，「最近她才把屋裡全都裝修翻新——」翻新，大概也就是把回憶過往都洗擦乾淨吧。

中國元素勾起的不一定是濫情故夢。

哭笑戶口

殷紫告訴我一個笑話，小時候大概是四五歲，由於父母各被分配到不同外省，她只能被托養在杭州的親戚家裡，暑假偶爾回上海，自覺自卑不如人的她常常開口就問身邊的小朋友：「你有戶口嗎？」

在我懂得這個戶口制度以及種種由來背景延伸故事之後，這個笑話也不再是笑話。當然，我們都知道這是這幾十年來在中國大陸千萬個關於家關於人的其中一個片斷回憶，殷紫也算不上顛沛流離，但她坦言由於自小一直不斷地和陌生人在一起，沒有家的完整和溫暖，以至向來不愛集體活動，討厭節慶。在上海親戚眼裡是杭州鄉下人，在杭州鄉下人面前又爭取做上海人，話說重了，就自覺是不存在的局外人。這也直接間接影響到在她日後獨立生活工作的一段日子，什麼都拼命爭取什麼都要，處處渴望表現自己，求取認同，企圖在自己的空間裡活得更真實——可能要將來有了孩子之後，才能充分感悟家之所指。

輕描淡寫，殷紫跟我說起家族過往：太外公來自傳統封建大家庭，是當年第一批留洋的學生，從美國學成回來之後卻也繼續有兩個太太的舊習俗。外公當然也受高深教育，殷實人家經歷這幾十年的動盪變遷，來來去去，還是選擇在上海故居老房子裡，安享晚年。說起外公那彷彿從三十年代以來一直沒有變過的

02	配搭與點綴，給生活多一點顏色。
03	在殷紫家裡的陽台上談起家的種種，過去現在將來重疊展開。
04	堅持家裡一樣多餘也不要，也言行一致的實踐著。
05	寬敞的空間留給俐落和乾淨。
06+07	老式樣穩實書架成了飯廳和客廳的間隔。
08	二張大沙發各自選了自家顏色，來不及打聽當中因由故事。

老房子，殷紫眼裡忽然閃亮一下，許是曾幾何時老好回憶忽地重現。這個家，那個家，平常實在，滿滿都是真感情。

午後寧靜

我們在陽台上喝著茶，午後靜靜的，有點想懶。

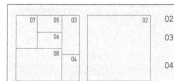

殷紫笑著說這半年也實在懶，只是以一個自由撰稿人的身份寫寫稿，替一些有趣的藝術家朋友做一下統籌策劃代理。其實她一點不懶，我剛從最新一期上海的《藝術世界》雜誌上看到殷紫專訪近年紅透國際藝壇的中國「爆炸專家」蔡國強，洋洋萬言訪談記述了這位行為藝術家怎樣把三宅一生的高檔服裝撒上火藥炸得斑斑駁駁還在時裝天橋上領盡風騷，怎樣把台北美術館，約翰內斯堡發電廠，廣島亞運會場，以至最近的上海APEC會議開幕式，都一直炸炸炸，殷紫筆下的蔡國強是個好好玩藝術的老小子，我想殷紫也深有同感的打算好好玩生活。

唸的是貿易，畢業了沒有做過一樁買賣生意，興之所至轉行，一度是獲獎無數備受歡迎的電視台音樂娛樂頻道節目主持人，殷紫想起來也奇怪自己為什麼在攝錄機前可以一直一直不停說話，那時候她一個人住，下了班回家休息的時候可以大門也不出一句話也不講。她覺得累了，從幕前辭退下來，開始替一些國外媒體做聯絡採訪和翻譯的工作，也一

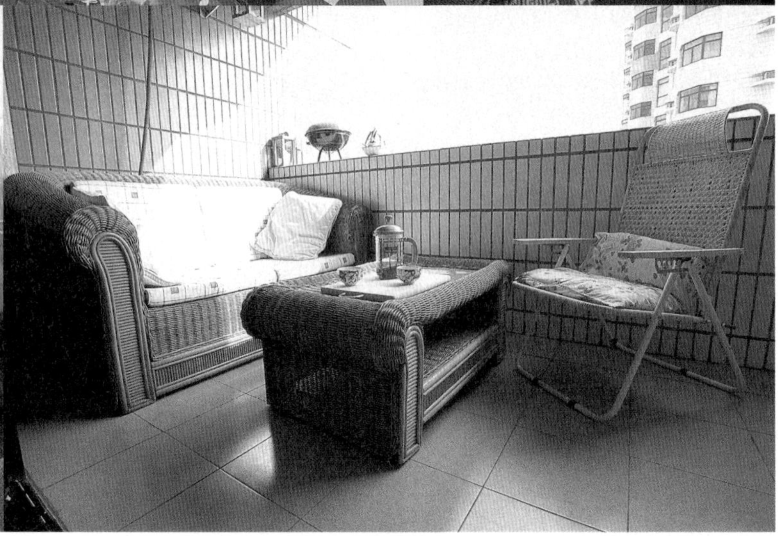

度參與一時紅火的網站內容編輯，直到今年三月，她才正式成為一個自由撰稿人，開始可以選擇和決定自己寫作的方向。

我們在陽台一直在聊，屋裡的CNN電視新聞一直在播，阿富汗戰局在時刻變化。殷紫的先生，一個資深的戰地記者，此刻正在戰火頻仍的前線。作為芬蘭新聞大報駐亞洲的記者，他不僅長期在大陸內地作紀錄報導，也要第一時間跑往新聞焦點。作為身邊人，殷紫也因此對周遭種種有了不一樣的觀察角度，作為媒體中人，她希望寫更多「真實事情」：中國農村的狀況，中國青少年文化現象……，她要寫的不是美美的文章，她希望能夠紀實的，直接的寫出事情本身，把日常中國如實反映，這些來自千家萬戶的平凡故事，本身就有感動人的共鳴，用她自己的說法，是放下了過去的虛浮的功利的，內心開始安靜，謹慎，求真。

天大地大

回到家裡，面前是殷紫和先生婚後遷進來的一個寬敞的空間。她一直謙虛的說家裡平淡無奇，沒什麼可圈點之處，但我正正就覺得這裡的簡單隨意，輕重拿捏得正好。這不是一個裝修佈置技術問題，這是心情狀態和境界。

這裡有我們熟悉的中國元素，平靜俐落毫不花梢，當然也有北歐的自然純實，好讓老公想念芬蘭老家。沒有刻意的去

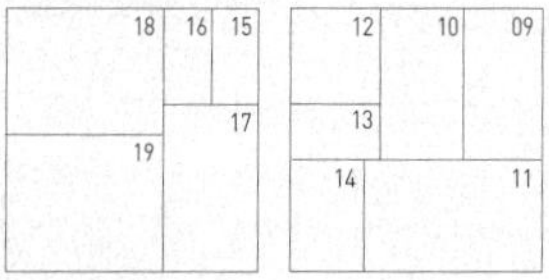

09 木雕玩偶枕著書睡個懶覺，不無啟示。

10+11 陽光懶懶，坐下來喝茶聊天，家裡難得有這樣的好地方。

12+14 樸素，節約，處處流露。見微知著，家裡的條理邏輯在廚房開始。

13 有的家就等同工作室，有的家就是個廚房，有機會各方好友來廚房比拼。

15 午後陽光悄悄進來，留下一個瞬間的定格景象。

16 在家千日好—— 當然還得有案頭的工作。

17 書房工作處，思路縱橫想像活躍的私人空間。

18 親密的睡房空間更需要簡潔明亮。

19 到人家裡最愛翻人家書架上的書，了解一個朋友從他和她看的書開始。

追趕什麼潮流款式和顏色，就讓自己讓家人有一個舒服自在的家的感覺——殷紫一直強調自己很念舊懷舊，對過去的美好的依然充滿留戀想像，但她也很清楚自己是一個在路上的人，和先生一樣，都喜歡旅行，需要在行旅過程中不斷為自己更新定位，也因此不必有太多負累擁有：房子是租來的，工作會變動，無數的搬家經歷，留下的，丟掉的——她一臉認真的說，一樣多餘的東西都不要。

究竟家是什麼？要好好弄清這個概念，有自己實在的想法，遠比跑去買一大堆傢具家用品來堆塞滿這個空間複雜多了。在今日內地城市經濟起飛之際，大家開始有能力建造自己的家，開始對生活品質有要求，當中也很自然的出現家居裝修向樣品屋向賓館風格靠攏的現象，也不乏新貴一擲千金豪華的為裝修而裝修的惡俗，作為一個觀察者，殷紫很清楚知道這是一個過程，畢竟這幾代中國人從沒有隱私沒有個人空間甚至沒有家這個狀態走過來，受了太多的苦，一步一步，當大家認識到生活根本就沒有樣板可跟可隨的時候，生活就會更加精彩。

聊呀聊，聊到芬蘭鄉下的樸素明靜，聊到怎樣也不肯看中醫的先生，談到要為外公老房子認真的拍攝紀錄，談到街頭小舖的生煎包，談到過去的完美現在的放鬆，……從家裡出發，天大地大，路上，也就是家之所在。

長長飯桌，家裡少不了把酒言歡高談闊論的時候。

夢中國

身在此山中，也許不知寶藏在哪裡圾垃在哪裡。兜兜轉轉，換了一個位置一個角度，應該看得更清楚，站得更穩。

還記得第一次到殷紫家，她的芬蘭籍記者丈夫正身處戰火連天的阿富汗，客廳電視裡的CNN新聞一直在廣播。那幾天，正是有外國記者不幸遇難，簡單的採訪也危機四伏，問她擔心嗎？她很鎮定的說：擔心。

一段異國情，兩個不同世界觀的人走在一起，交流溝通，肯定是一段刻骨銘心的成長經歷：一個上海女孩，從此用不同的眼光抱不同的胸懷看自家中國的過去現在與將來，夢裡的寬廣層次也不一樣。

21+22　點一盞古老油燈，挑一個樸素的框架，生活的素質的要求和執著都在細節當中。

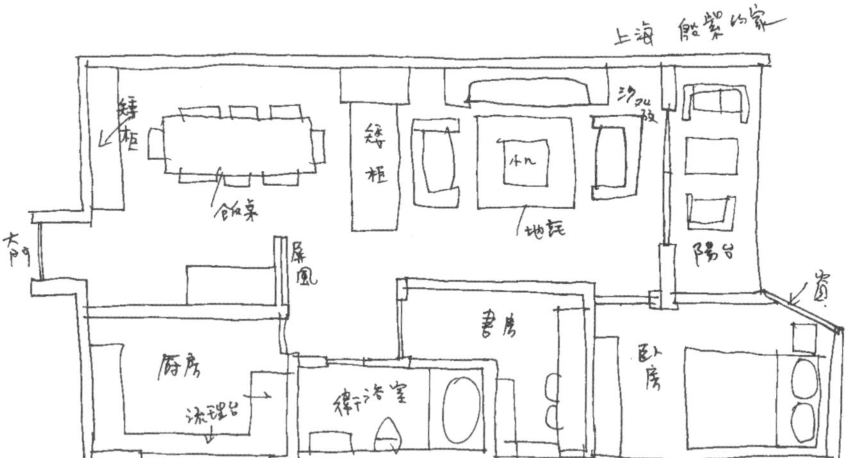

私密回憶

有說家是一個回憶的倉庫，其實也就看倉庫的主人怎麼處理這東擺西放甚至層層壓疊的回憶。

所謂身外物，從一件衣服到一個水杯到一隻布偶玩具，都跟這天那天和這人那人在這裡那裡的生活經歷有關，也許無所謂，其實捨不得。物件還算可以拿回家好好保存安放，但某些切身處地的時刻，某些人事，也只能以影像留存。

儘管回憶不一定精彩美好，但塵埃落定，一方照片總帶一點歲月的溫柔。

23+24　一幅家庭照，一張木版畫，一張留言字條，樁樁件件，細碎組織成生活日常。

閒得任性

他閒，是相對我們的忙。他年輕，是我們看來有點老了。

身邊的摯友有兩種，一種稱之為大朋友，是那種人間閱歷甚深，在慣見的風浪中來去自如，清楚認識了解自己，懂得安排自己的位置，明確自己的方向。大朋友當中好些是多年並肩作戰，共嘗苦辣甜酸的，在辦公室工作間甚至相互的家裡一起通宵達旦，笑過哭過，忙得渾作一團。回到他們她們的家，推門都有生活／戰鬥感情。

一間沒有刻意間隔的淋浴間，酷得可以。

至於那些稱為小朋友的，是那些任性的，放肆的，自視甚高聰明過人的。他們她們常常是閒閒懶懶，遊來蕩去，天黑天亮都在做夢在尋覓，又忽然興奮雀躍的抓著你的手跟你談理想說抱負。小朋友常常會叫人擔心掂掛，得撥一通電話到他們家裡問問最近可好。但有些你知道好放心，行為動作常常叫人驚歎欣喜。Dennis就是身邊這樣一個小朋友。

搬出新鮮

Dennis實在愛搬家。認識他這麼多年，他好像一直在搬，在設計在裝修他的家。說得準確一點，他一直樂於變換身處的環境和狀態，在當時種種條件跟限制底下把自己的新鮮理念發揮得表現得最好。幾年前到過他五百平方呎的一個小房子，絕對支持擁護ＤＩＹ，盡眼望處處流露簡樸的感性與性感——推門進去就是床，自己動手用角鐵用夾板造的床，床邊轉身有懸在牆上擺放書本雜誌的層架，當然也是自製的。房間另一端一根鋼管從這到那，支撐起春夏秋冬幾季衣物，隨便開放，鞋卻是一雙一雙的有如裝置藝術的整齊的排在地下，……他動腦，他動手，把一個舊衣箱的厚漆都一片一片鏟掉，露出原來木頭的真味道，為了找一口合意的螺絲一根粗幼剛好的鋼繩，他走遍街頭巷尾五金建材店舖。他刁鑽，卻又把一切回復至簡單原始不作修飾的狀態，在我眼中是一種年輕的率性。

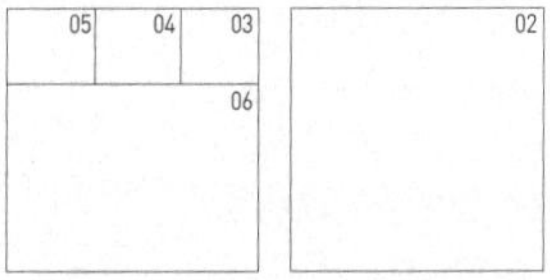

02 看來簡單，其實是謹慎的考量安排，從顏色到線條到質材，都考驗平衡統一的功力。

03 主人Dennis，一個人，還有一頭叫做貓的狗。

04 有了好的採光，室內的景象就不一樣。

05 任性，就連灑進來的陽光也任性流竄。

06 開放式廚房一直是他追求的，有了這個舞台就得早午晚有好看好吃的。

然後他搬了，那回是一個舊樓頂層連天台的單位，加上梯間閣樓和天台貯水箱的一層，加起來竟然是四層樓。我笑他生活忽然有了層次，夢寢以求可以讓他肆意的設計——他已經開始有他的註冊風格，不多不少整潔妥貼，沒有刻意的打正設計旗號買來什麼燈什麼椅什麼櫃，卻都叫人知道這個家裡頭的人懂得生活珍惜資源重視關係。這一切都不是碰巧，一切都是生活經驗的累積，日子有功，四兩撥千斤。

原來的頂樓自是睡房廚房衛浴室，再上一層的閣樓是一個安放電腦的工作室，再上是真正露天天台，寵物世界加上野火樂園，還有是那誇張的天台上層，貯水箱位置還可以放得下一套戶外餐桌椅……活得簡單也活得豐富，Dennis其實是一直叫人妒忌的。

接下來還有一個近乎地下室的鋪上水泥地的灰色的空間，他開始有野心的設計了一組懸空的貯物鏽色鋼櫃，燈光永遠暗暗的（老實說，那是一個沉鬱的不快的時空），這段日子沒有太久，他又搬到現在臨街的一個房間，陽光充沛空氣流動，一切又有了一個新的開始。

搬，是因為Dennis一直沒有停下來，他一直在動。

赤裸空間

落地大玻璃，成為這個空間四面牆的其

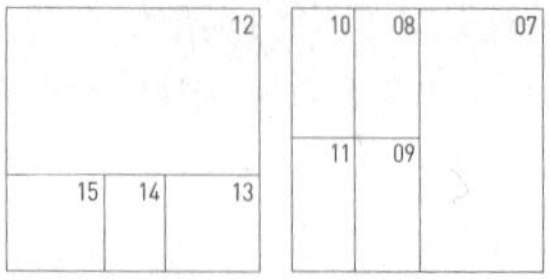

07 多一點綠，多一點呼吸的空間。

08+09 選好一個完全合意的洗濯台和水龍頭，絕對是耗費心力的一件事。

10+11 衛浴室是這裡最有戲劇感的空間。

12 房子另一端，一鋪好好的床。

13+14 可不能讓時間任意流逝，只好多一點提醒自己。

15 生活細碎，總得有一點條理紋路。

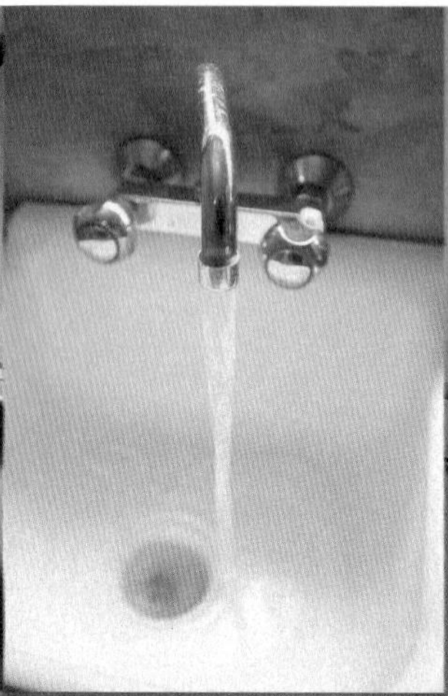

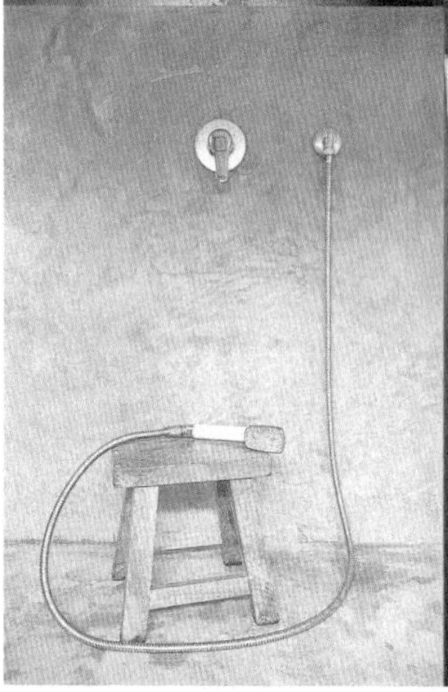

中一面，因此這裡很赤裸很透明。外面就是臨街小巷，路人走過，總不禁探頭內望：看得見開放式廚房的闊大流理台，看得見米白色舒服布沙發，看得見矮矮的木箱小几，看得見炭灰被褥雪白枕頭床單，看得見一棵新買來的枝葉茂盛的綠樹，看得見一頭主人暱稱做貓的狗，看得見常常有點動作的腳踏車，還有就是靠牆的層層書架，隱身入牆的貯物衣櫥，塗得白白的乾淨的牆，平凡而又執著的灰色水泥地，有一兩條自然的裂縫悄悄延伸，還有的是方方正正的空間角落有淡綠磨沙玻璃建構的衛浴室，推門進去是這裡唯一的隱私。

願意繼續有這樣一個小朋友，但其實他已經成熟了長大了。面前的這個乾淨俐落的家，再一次引證他的設計修養表明他的生活態度，完全忠於自己細緻要求自己也懂得放鬆自己。他饞嘴他愛燒菜弄飯，多少回路過敲門都見他在發明創造，這個設備齊全的流理台自然就是他的舞台，同樣嘴饞的友好如我自然有福。他也愛喝，大白天跟他聊天一杯又一杯，紅的白的，上回喝的Tetley's啤酒高大的一罐裡面放一個塑料小圓球邊喝邊搖，標榜smooth flow，他的家裡當然也就是躺躺坐坐發發夢的chill out好地方。

開放其實就是因為開放，沒有拐彎抹角的多餘的考慮。把本來複雜的生活就是赤裸裸的呈現，每一個日常動作都如實

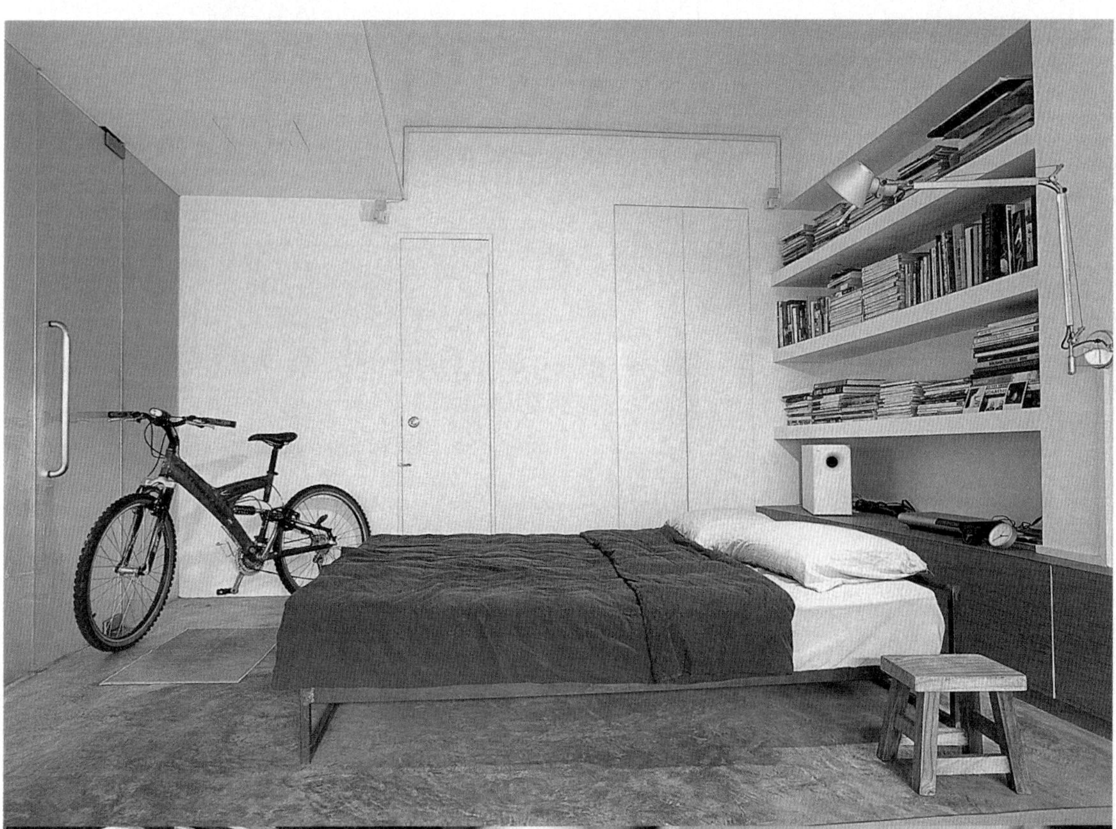

進行，光就是光，暗就是暗，對自己對人家坦白如此，我無話可說。

我有我閒

說他閒，就是因為大家都寵他，都有意無意的遷就他，他也樂得閒出一個大家都求之不得的境界。

他閒，其實他不懶。早在他當攝影助手的年代認識他，說話輕輕的看來害羞的他其實也挺忙挺累。對攝影日漸投入的他開始在尋找自己創作的路，有一段日子隨大隊跑到阿根廷，參與《春光乍洩》的劇照攝影，與頂尖創作人共事的那一個經驗，影響深遠。在開始獨立單飛的攝影為業的同時，Dennis也越來越對建築對室內空間設計感興趣，從DIY的成功滿足開始，他希望更深入更全面的了解認識這個專業。刻下他正在唸的是一個建築設計的專業課程，重新當起學生，也興致勃勃的在計劃小量生產自家的傢具創作。

他不慌不忙，說要給我放一齣音樂錄影帶，導演Mike Mills九八年替AIR樂隊製作的巡迴演唱專輯，盒子拿過來一看，作品名字就叫AIR——Eating/Sleeping/waiting and playing。這不就是你嗎，我說，然後我們又談起前天晚上他弄的烤羊排。

閒，任性，DIY——Dream it yourself, Dennis is young。

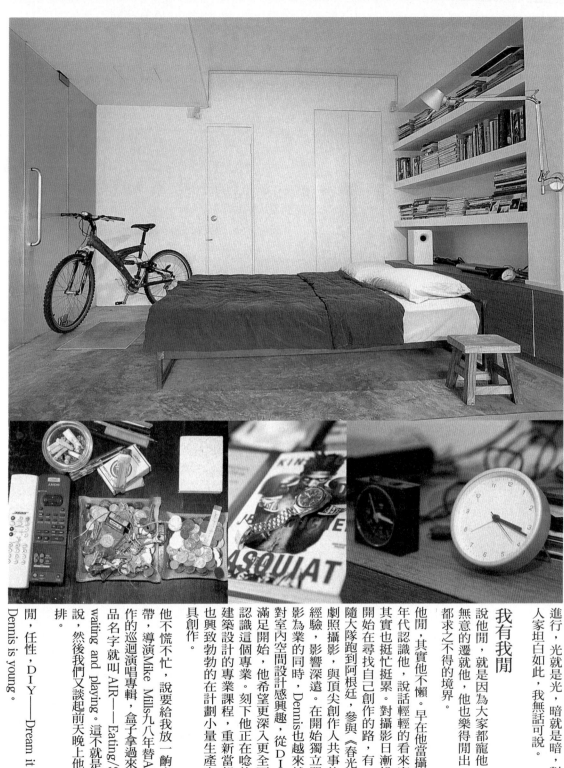

簡單不過的書架，間隔比例的的恰到好處最考功夫。

近廚得食

眾多饞嘴好友當中，Dennis最直接痛快。

一進門就看到廚房，窩在沙發裡面對廚房，躺在地氈上甚至床上都看到廚房，吃喝就是玩樂，是人生首要大事，偶爾想想工作。

其實這個開放廚房也就像一張辦公桌一個會議室一個畫室一個運動場，要實驗的要挑戰的要雕鑿要完成的，都在這個平台上發生，以廚會友是宗旨，招惹來一群酒肉知心，吃香喝辣，真爽。

17 經典設計不一定是什麼高檔名牌。
18 工欲善其事，各式小道具小武器不能缺。
19 漂亮以外還得實用，排煙抽氣的設備絕對重要。
20 給生活調味，輕一點重一點都有學問。

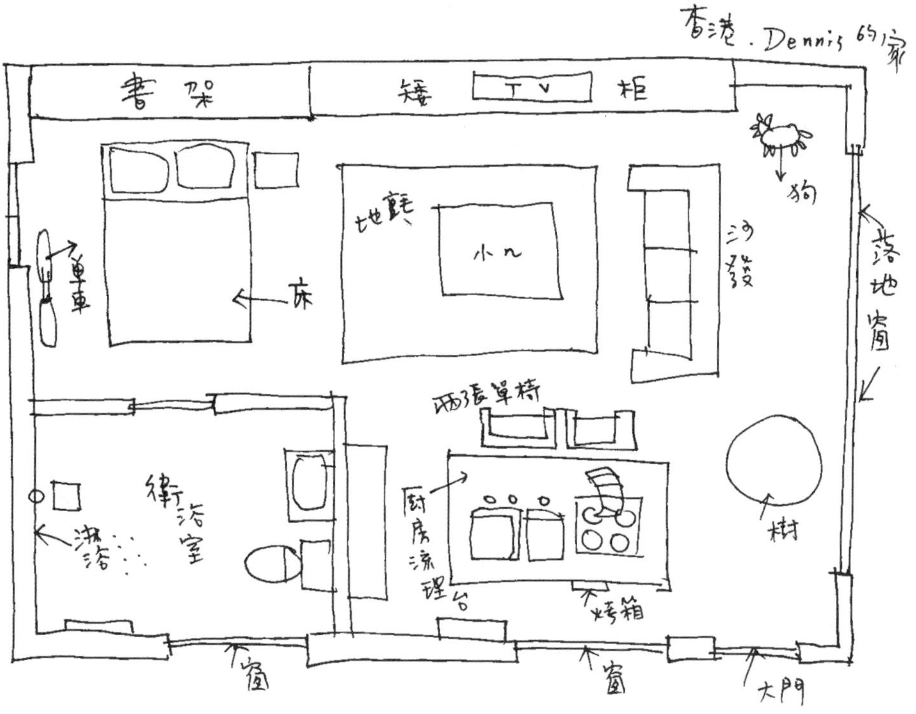

DIY進一步

一直搧風點火，希望Dennis多走一步，「正式」設計自己的傢具。

其實他從這裡到那裡搬了這麼幾次家，每次探訪都驚訝他可以把一些本來破舊不堪的空間弄成一個乾淨俐落且別出心裁的好樣子。這裡撿來一些什麼配件改裝一下，那裡把一些簡單建材拼合成形，變成椅變成櫃變作床，這不是天份是什麼？

所以當他跟我說要開始修讀一個建築設計的課程，我是充滿期待的，又或者說，其實上課不一定有用不一定好玩，只要認真積極有計劃的開展自家的設計，以DIY原則大方向，肯定是一條精彩有趣不愁寂寞的創作路。

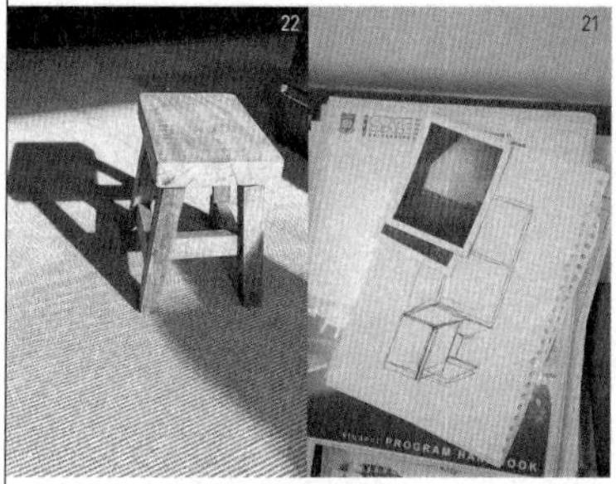

21 筆記本中是建築設計的習作草圖，一切都從最簡單最基本開始。
22 街頭巷尾還是會找得到這些早被遺忘的穩實傢具。

好好生活

沒有問怡蘭最拿手燒的是哪一道菜做的是哪一種甜品，因為知道無論她做的是鋪有四種菇類和雞肉的日本竹筍飯，撒有榨菜末和葱的擔擔麵，混進十多種印度香料的咖喱，還有是下午茶裡的普洱茶布丁，英式手工scone，她都仔細拿捏，都有那麼一點不一樣的小變化，熟悉卻又驚喜。

量身訂造，廚中的從各地蒐集的茶杯並非陳列炫耀，實在是日常生活的寶貝。

沒有問怡蘭今天下午在她那一地冬日陽光的家裡，會喝到的是什麼口味什麼地區什麼季節的茶，因為廚房裡櫃檯上一列排開唸得出唸不出名字的大大小小茶罐包裝，有她從世界各地刻意的隨意的蒐集來的品種，看你今天的心情你想要的感覺，還有，你可以在進門那一刻第一眼就看得到的款式各異的幾十隻中式日式西式茶杯裡挑一隻——如果你要喝咖啡，不喝咖啡的她也會特意為你煮一壺，因為她愛咖啡的香氣。

甚至也沒有問她愛看什麼書愛聽什麼音樂愛看什麼電影，因為從她的纖細靈巧的身段，她快速俐落的說話，眉宇間的倔強堅持，你會知道她的要求很直接很挑剔，雖然自稱是迷糊的射手座，但她也太了解自己喜新不厭舊的貪心個性，要生活，就得全面的細心的好好生活。

敗家女當家

朋友眼中的葉怡蘭是一個幸福的敗家女。

我聽說過的包括她住過這家那家五星飯店，嚐過這個那個米其林名廚的拿手好菜，辦過世界一級高檔巧克力的品嚐會，引進過從此不作他想的最好的法國的果醬和海鹽，當然也在她家冰箱裡親眼看見過油花漂亮得實在厲害的Bellota等級的Jamon Iberico黑毛豬火腿，這些來自西班牙的在橡樹林裡只吃橡樹果實長大的黑毛豬，後腿被驕傲的拿來擦上上等

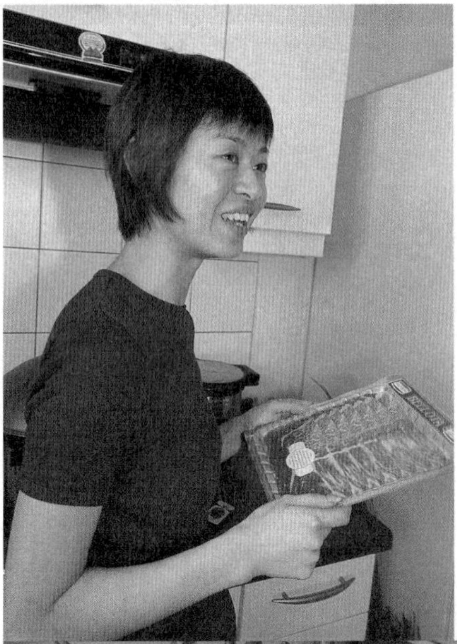

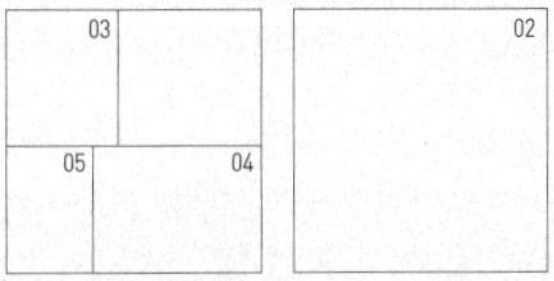

02　來自峇里島的更原始更直接的民藝作品，別有一種感人迷人的神奇力量。

03　葉怡蘭身為美食作家，家中廚房當然珍藏頂級美食。

04　室內室外都有風景。

05　有了小吧檯的這個角落，廚裡廚外的生活就更加融為一體。

海鹽風乾，成了老饕眼中的藝術品，口裡的美味極至。

能夠敗家，其實因為持家有道愛家真切，敗家，並沒有迷糊的把家用都不知花到哪裡去，而是有方向有態度的一直在尋找家的新的活的經驗，把精神時間心血都花在這個經營上，不，經營這兩個字著實也太苦太累了，生活不是上班，該有多一點悠閒鬆散，少一點緊張拚搏，生活，應該是享樂。

「很早就決定以『享樂』做為終身職志。並堅持相信，真正的『享樂』，不是短暫的眩惑聲色之娛，也不是一味金錢或地位的堆積，而是需得認真的涉獵，深度的累積，需得花些時間花些工夫，方能從心靈到視覺，聽覺，嗅覺，味覺，觸覺，每一種感官，都真真切切長長久久地感到喜悅與歡愉——」從作家怡蘭的《幸福雜貨舖》書中引來一段生活宣言，可見她享樂得敗家得理直氣壯，也從她對生活細節的不捨堅持和矢意執著中看出她對倉猝草草的，只講速度不求質量的以至堆砌艷俗的消費生活深痛惡絕。她很清楚她追求的不是那一種精緻，也不是所謂的高品味，在她家裡陽台上喝著冰紅茶吃著黑芝麻白芝麻花生及爆米花等四種口味的手工麻糬的時候，在聽她興奮歡愉的給我述說介紹她收藏的渾樸淳厚，強悍端莊的台灣民藝器物的時候，我耳聞目睹生活的簡單實在，

有根有據，對呀，我們本就應該需要這種生活，可以這樣生活。

她生活，她和她的另一半好好生活，也樂於和大家分享生活的經驗。唸中文系出身的怡蘭謙虛的說她並不是那種「有才氣的」創作人，她自覺適合做觀察做評論，所以自畢業後一直在室內設計雜誌擔任編輯和主編的工作，也從建築，室內設計和藝術的範圍慢慢擴展至潮流生活家居文化，自然而然的就把一直留神專注的美食，旅遊，生活雜貨等等項目移到焦點。她曾經是明日報美食版和旅遊版的主管，也創辦了「Yilan美食生活玩家」電子報，主動的和一樣挑剔一樣嘴饞的熱心社群分享交流生活心得。作為自由寫作者的她當然選擇在家工作，在她的書桌，飯桌，廚房之間活動，也很積極的在備受歡迎異常熱鬧的網路的家裡，超越虛擬的籌辦不止吃喝的活動，好忙，生活得好忙，只要不是太忙，就是好事。

自家風景

怡蘭家的風景，很不得了。

河在窗外流過，河岸有一串綠地還有老樹三兩，空中有飛機升降，台北市在不遠的面前一列排開，冬日的陽光暖了一室，叫周遭室內顏色更加踏實，連投影都格外深刻。怡蘭和她的另一半都很強調自己是南部小孩，離不開陽光，所以

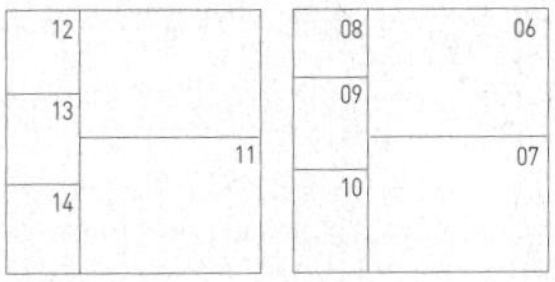

06　冬日午後，陽光暖了一屋。

07　早已堆得滿滿的書櫃，只留下些許位置給得寵的木頭玩偶。

08　享樂須及時，這是放縱還是警惕？

09　傳統民間小點心零食，最好用來招呼饞嘴的客人。

10　樸拙的陶塑，是哪位藝術家的玩樂即興？

11　早年熱衷收藏的新秀藝術家作品，如今還是摯愛。

12　乾淨俐落，簡單真好。

13　洗滌一身疲累，入浴的學問又要另開一章。

14　還有淋浴間的細緻安排，足見設計師的空間調度的功力。

對久居台北市內房子曬不進陽光很不以為然。她和他一起爭取的，就是這樣一個暖和明亮的可以望得很遠很遠的家。望得遠，心也就多了，總想著有機會到遠處他方，但怡蘭很清楚，出國是為了要回家。

回家當然就希望有不一樣的室內風景，為了要把沿路蒐集的大件小件，生活細碎經驗一一好好安放，就很必要有一個很好的「盒子」。搬進這個基隆河邊的家的時候，她倆就決意把這個室內設計的重責大任交給好友，著名建築師李瑋珉。怡蘭最欣賞的是李瑋珉的破題能力，走進來就能看出房子的空間結構該怎樣重新規劃，也從居住者的生活要求出發，貼身構建出有趣的生活空間——在這個盡量開放外露的磊落大氣裡，隱隱有一個動線一直引領大家從進門開始，經過廚房走上飯廳走出陽台，回來書房穿過睡房和浴室再到客廳再來到起點的書櫃面前，放棄了傳統的這個那個房間的間隔，把家居生活真正的溶為一體，這是設計師的厲害，也是居住者的勇敢。在一次又一次的交流討論當中，雙方分享的都是對家居生活品質的追求，努力達至的是完美前的一聲輕嘆——或許生活並非都如想像的完美，也正因如此，才有繼續追尋的樂趣。生活中的種種責任和承擔都不免叫人勞累，作為一個寫作人，花盡心力去吸收消化分析整理再在案前思索推敲，苦樂都有價。

這個家的另一位主人，貓咪小米今天好乖。

但在最忙最累的時候，可以轉身走進自家廚房，隨心隨意泡一壺自定輕重份量濃淡口味的茶，站在窗前一邊細心喝茶一邊極目遠望，這就是聰明的怡蘭的幸福選擇。

全方位生活

射手座的貪心大意，熱情投入，創意澎湃，好勝逞強，我都太熟悉太了解。那種過人的行動力和實踐力往往也叫身邊的人目瞪口呆（希望大家看不出因為玩得太厲害而常伴左右的一點點累）。怡蘭幸福，因為相對來說溫文安靜的另一半其實也愛玩，櫥櫃裡的好一半茶杯咖啡杯其實也是他在外出差時的精心挑選。有了這樣寵她的最愛，怡蘭當然可以放肆一點，她笑著告訴我她每天會換不同的杯子喝不同的茶，每次燒菜做飯請客都會實驗不同的材料和組合，她樂此不疲的一直在變在換（老公除外！），就是希望永遠用一個新鮮有趣的角度來看本身就是變化多端的生活。景氣越是低迷局勢越是不明朗就越要堅持對生活品質的要求，窮風流餓快活，是最低要求也是最高境界，全方位狠狠的，好好的生活，如此而已。

好好喝茶

在怡蘭的廚房裡，不妨問一個先有雞還是先有雞蛋的問題。

其實接著下去可以問，究竟是先有茶杯還是先有這個放茶杯的櫃？快要成中外茶具博物館的這一方領地，熟悉的友人還可以跟主人一樣，每趟用上不一樣的組合：茶杯不是收藏陳列的寶貝，而是真正生活中的日常器物。

有了好茶杯茶壺，自然得坐下來好好喝茶——至於今天該喝什麼口味的茶，就要交給專業的幸福雜貨舖主人去服侍料理了。

16~19　從宜興茶壺的敦厚到來自東京的白瓷薄胎茶杯到澳洲雪梨的Ken Done的斑斕愉悅……

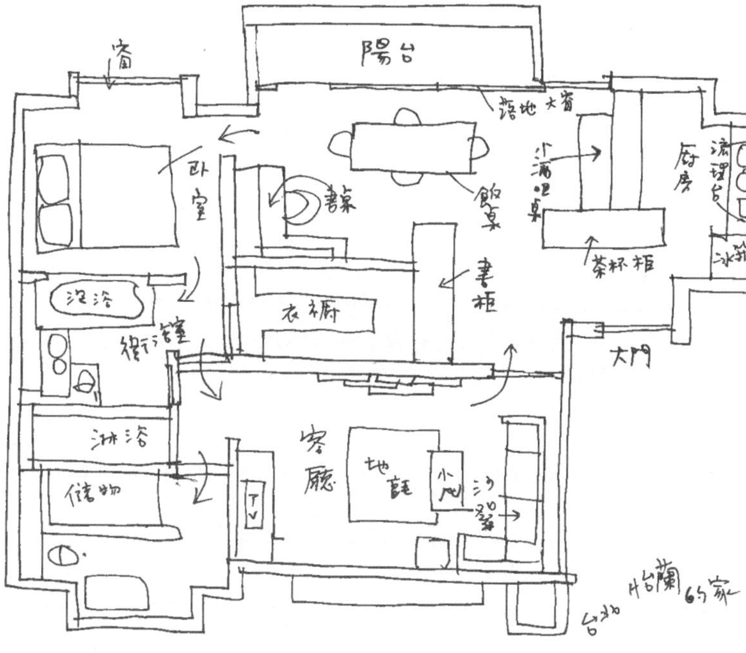

為口奔馳

聽說最近怡蘭的牙齒不太好，是那一回在法國試酒幾天下來給弄出的毛病，可見美食作家這個光環其實也會偶爾重重壓下來，壓著大腦神經，有點痛有點瘋。

身體要好，記性要好，反應要快，紀錄要準，這不是一般自命饞嘴的人可以業餘擔當的「美美的」工作，真是為口奔馳啊，我們相視苦笑說，然後馬上從冰箱拿出頂級西班牙黑毛豬火腿，Jamon Iberico，吃個痛快！

20 21　要翻一翻作家書櫃裡的藏書，美食家的冰箱更要一闖。架上大罐小罐都是各國名茶，要逐一品嚐，該需要多一點時間吧！

尋常日子

跟周杰第一次碰面，將近半夜，在他入住的酒店的房間裡。

半新不舊的酒店，大堂出奇的簡單。出了電梯，走過一道暗暗的怪怪的走廊，沒錯，該是這個房間。敲門，迎上來是笑容可掬的他，然而夜深了，看來有點累。

室內還有另一位，他的劇組的同事，有事要先走了。然後我在一大堆劇本，資料，貼得一牆的工作時間表中，隨手拉一把椅子坐下。

一室明亮典雅，種種細節都是對生活品質的要求和堅持。

這個房間是周杰幾個月來臨時的家，也是他跟共事的搭檔開會的辦事的工作間。他們正在參與攝製一部中美合資的二十集電視電影《平地》，是一個遊走過去未來的有科幻味道的以上海為背景的劇集。為了使人力資源更集中更好安排調配，主要工作人員都搬到這距離片場較近的酒店住下來。周杰負責的是佈景道具的美術指導部份，這是他的專業。當然後來我更知道，他所屬單位上海歌劇院的年度公演歌劇《雷雨》也將在兩天後公演，作為舞台設計負責的周杰必須通宵達旦的搭起整台佈景，我在他最忙最忙的時候做了不速之客。

要認識周杰，是因為上海的好友眾口相傳他倆口子的居家很有意思，出於好奇，也很想了解這位八九年畢業於上海戲劇學院舞台美術系的高材生，在舞台上身經百戰，設計過程建構起劇場裡變幻多彩的空間之餘，究竟是怎樣和身邊的另一半，一同設計完全屬於自己的生活空間。

短短的初相識打招呼，約好了隔天要到他家聊天拍照。看來他真的很忙，午夜後還有一個工作約會，他送我離開，在氣溫驟降的上海夜半街頭，他指了指大路對面步行可到的可見的一組屋苑，「我家就在那裡，後天你來該很容易認路。」他這麼一說，我馬上想起傳說中公事國事在身的過家門而不入的古代英雄，工作中的勤奮男人，拿得起放得下，溫暖舒服的家，就暫時交給身邊伴獨個打點了。

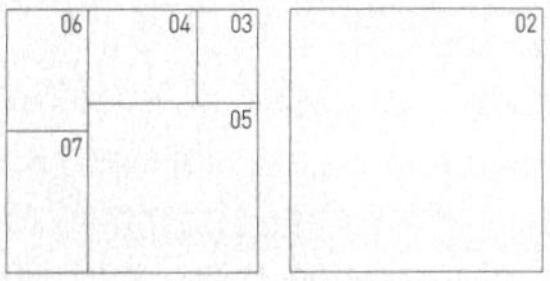

02　從客廳通往書室的一幅隔扇門，是山西風格的舊門板，周杰重漆上紅色，更親手為木雕圖案描金。

03　忙碌的男主人周杰不在家，女主人梁暉樂得閒逸，身邊還有蓬蓬頭的貓咪Pica。

04　收藏的民間傳統手工刺繡織片，有空自行設計為生活中的應用。

05　生活的角落，隨意的一種優雅。

06　新舊中式傢具在這個居家空間裡和諧協調共存，傳統的魅力再一次得以發揮衍生。

07　房間裡整片整片的大窗，採光自然，簡單俐落。

悠然自樂

第二天早上接到周杰的電話，他實在太忙沒法擠出時間在我們約定到他家的時候回來聊天拍照，沒關係，他的太太梁暉會在家裡，也正好讓我這個好事的了解一下女主人對這個居家空間的個人生活感受，我始終相信，每個個體有她或者他獨特的敏感，要求和創意，只要肯用心，肯花時間，居家其實是充滿各種可能性的一個實踐地。

午後大好晴天，我們跟梁暉在她家屋苑的內庭剛巧碰上，她手挽大包小包的，還捧著一小缸金魚：「我家貓咪Pica白天獨個兒在家也夠悶的，」她笑著說，「可是書裡不是說貓會吃魚的嗎？」我笑著問。

跟周杰一樣，梁暉也是一臉笑容，而且看來更懂得忙中偷閒。其實在外資公司從事金融專業的她，白天的工作也夠忙夠累的，也得經常加班趕工。但她很清楚對生活質素的追求是必需堅持甚至是固執的，所以下班就是下班，乾淨俐落的把手頭的工作放下，回到家裡就應該是個人的輕鬆的家居日常，對比起來一天到晚腦筋在動在轉在創作的周杰，也只能羨慕和欣賞老婆有這樣的閒適清爽。

稍稍偏離大多數人一天到黑鑽來鑽去的上海市中心商業區娛樂點，周杰倆口遷進這位於閔行區的屋苑剛好一年，這個超過一千五百平方呎的單位寬敞明亮，除了客廳，廚房衛浴，睡房書房等等基

本室內間隔，周杰還為自己特別安排了一個寬闊得叫人羨慕的畫室工作間，自小熱愛繪畫的他越來越清楚自己在舞台美術專業以外還是願意狠狠下苦功鑽研繪畫藝術，工餘還是不斷的在練習在實驗，工夫來自積累而非一朝一夕，正如生活經驗本身。

如果說畫室是周杰的私家領地，除此之外的室內空間當然就是和梁暉共享。關於全屋的結構間隔，專業出身的周杰自然會多一點主意，但當兩人對整體空間利用有了共識，更仔細的分工就開始了：男的設計了厚重穩當的木頭餐桌，也一起去挑了越來越鍾愛的老式舊傢具，當中更有周杰爺爺寧波老家的家傳老櫥櫃和盛器，千挑萬選也給找到比較有風格而且好手工的沙發設計。梁暉最滿意的是自己的「軟」的創意，挑好窗簾的顏色和料子，手工縫造，以至床單被褥，軟枕坐墊，全都是慢慢的挑好，仔細的完成，一個真正舒適完備的家，其實總是不斷在添加在改善，就像這個單位附有的兩個大露台，也還是暫且空置，該是弄個可以舒服的吃早餐的小餐廳？還是種滿各式花草的小溫室？還是兩者都有？現在一時還拿不定主意，反正有的是空間是時間，就讓構思好好的蘊釀，想像好好盤旋。

「如果周杰比較不忙，」梁暉十分理解的微微笑說，「周六周日我們會去跑那些老傢具店，也不是為了收藏什麼，只是愛和那些經驗豐富知識廣博的店老闆聊天，一席話獲益良多。也會不慌不忙

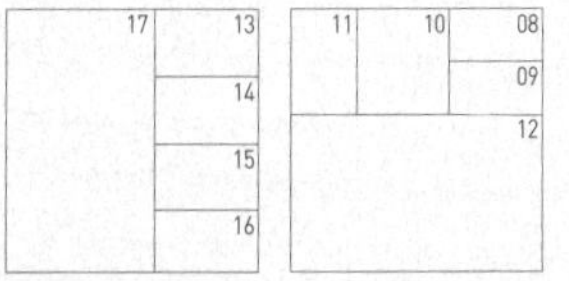

08+09　特闢一室作畫之用，為自己爭取一個創作空間。

10　可惜男主人不在家，這裡有的是他一張去年在《阿依達》歌劇現場的工作照，累壞了的他正在小休。

11　工作桌椅的組合，當然也是老傢具的選擇。

12　對信仰的追尋，對藝術表現內容和形式的探索，這個寬闊的工作間其實也經歷過收成得道之前的痛苦孕育。

13+14　當年把臂同遊西藏，最大的收獲是與佛結緣，從此展開信仰上的追尋探索。

15+16　曾經偏激的認為喜好老傢具是「古老人失去創造力的表現」，年青的周杰也一度對這寶貴的傳統不屑一顧。直到青磚白牆故居舊巷已經被拆掉了，深深的悲哀之後覺醒到要爭取保留傳統生活感覺中的那怕是一丁點的神緒。

17　睡房牆壁用了一個蛋黃的主色，加上淡黃的窗簾，完全是溫暖親密的感覺。

乘火車就到杭州去，看看湖光水色，找個好的餐廳嚐嚐鮮，反正是無目的的逛，散步賞心，閒出一種樂趣。」一直聊起來，我們都發覺畢竟大家跟更年輕的時候那種好勝逞強，一心外向的心態有點不一樣了，當然現實生活還是充滿混沌未知處處有速度的挑戰，但越來越不願意匆忙草率的就把面前的即食消化，還是願意放緩一點腳步，仔細體會身邊種種，那怕只是極平凡普通的日常——話題一轉我們談起伴侶相處之道，跟他在一起已經九年的她笑著說愛情生活也不可以天天都轟烈，現在最珍惜最覺得幸運的是，倆人還是保持很多共同興趣，也越來越懂得享受家居中的簡單和諧從容不迫……其實不必仔細鋪陳，面前居家空間裡的一几一桌都看得出兩人的同心用心，顏色與氛圍都是如此溫暖舒服，要說的，早已無形而又具體的說得明白清楚了。

忙出優勢

跟周杰再碰面是幾個星期後的一個午後，市中心人民公園旁的一個咖啡廳，他還是正在為劇集的攝製一直的忙，碰巧是聖誕假日，老外演員和工作人員必須放假，他才可以稍稍歇一口氣。

談起工作的忙，我們都只能相視一笑。固然大家都懂得閒的好閒的妙，但此時此刻這個年紀這個位置這一直以來累積的學養經驗，必然重任在身，忙是肯定的了。周杰也實在享受這個忙的過程，就如享受生活一樣。他很清楚自己目前想做的要做的，不抱怨，很樂意，關鍵是要把事情都做好做妥，勤奮的同時也有資格驕傲的說，我們還年輕！

也實在是年輕，一眾摯友都稱他「老」頑童，可以想像許多許多年前高中時候這個學生會會長是如何意氣風發。一心投考舞台美術專業的他在起步之初倒不是那麼如意，連續二年投考失敗，一方面挫了一下銳氣，另方面又激起堅強鬥志，終於給他考進全國重點院校，上海戲劇學院的舞台美術設計專業。

相對現在的功利現實的大學生，周杰當年師生一群，簡直就是浪漫，理想和純情的化身，追求藝術的高尚純粹，至今依然刻骨銘心。這一代人就是如此的走過來，馬上又得面對現實社會種種衝擊挑戰。周杰慶幸自己還是比較堅持——專業的堅持，理想的堅持，從分配到歌劇院的工作，有機會協助國際級大型歌劇如去年的《阿依達》和明年的《杜蘭朵》的舞台道具佈景的設計，又或者目前忙得不可開交的電影電視劇集的攝製，周杰從沒有後悔這個自小就認定的選擇，他始終被舞台的時空變幻可能深深吸引。唯是他知道，在一絲不苟的完成目前的專業工作的同時，他一直在儲備更大的能量，投進他更大野心的繪畫創作中。

多年前先後二次西藏之旅，他被當地藏民的絕對發自內心的宗教虔誠深深感動，在開始對藏傳佛教興趣日濃的同時，也萌生出要在繪畫創作中探討宗教主題的意念。我在他家中畫室中看到好幾幅未完成的油畫作品，就正是對這些嚴肅概念的初步嘗試，從具像到抽象，周杰企圖超越繪畫平面的侷限，試圖突破這個只記錄某一瞬所見所思的畫面——但答案如何？是變成裝置藝術，或者索性更開放的變回生活本身，一下子都還未有答案，都得慢慢的，準備要失敗許多趟的一直一直嘗試。

周杰親手設計的穩重的木飯桌，
四角的細節還準備鑲上古瓷片，大方又細緻。

我們總是藉口要談談什麼家居佈置，其實談來談去肯定離不開在家裡生活的有血有肉的每一個人。周杰有一次跟太太梁暉提起，如果有一天他決定把全部精神時間都放在繪畫創作中，得放棄其他一切賺錢的工作機會，這種清苦日子可以嗎？梁暉答得很直接：打從決定跟他生活在一起，就準備一起痛苦一起幸福——痛苦的是會一同承受作品未完成未滿意的精神上的不快，幸福的是可以作為第一個觀眾，能夠進入他的創作世界中一同分享。周杰為此深深感動——家之所以為家，有犧牲有付出，也有交流有分享，得肯定相信並且竭力保護維持家裡每人都是獨立完整的個體，周杰和梁暉兩人正在幸福的經歷這個既簡單又複雜的實踐，如此說來，他倆家中坐的是那個品牌的舒服沙發，收藏的是那個朝代的典雅古物，以及窗簾布幔用的是什麼漂亮顏色，都相對的不那麼重要了。家之所以為家，就是要在這些忙碌或者悠閒的尋常日子當中，家還是如此一貫的明亮，實在。

不一樣的光

抬頭看，每家每戶，不一樣的燈，不一樣的光。

當生活的品質和要求步步上昇，我們頭頂上不再只是燈泡一個螢光管子一條，生活就美得有點花樣了。

接著的道理也就簡單不過：有錢不一定就能提昇生活品質，有諸多設計品牌的流通販售更不一定保證都靠得住信得過，如何去選擇去配搭，都需要一點專注投入，不得隨便，冷暖輕重厚薄，都是生活的學問。

冷暖輕重厚薄。

19～21 對於燈飾的要求可真是一絲不苟，每個房間的天花燈各有特色各領風騷。

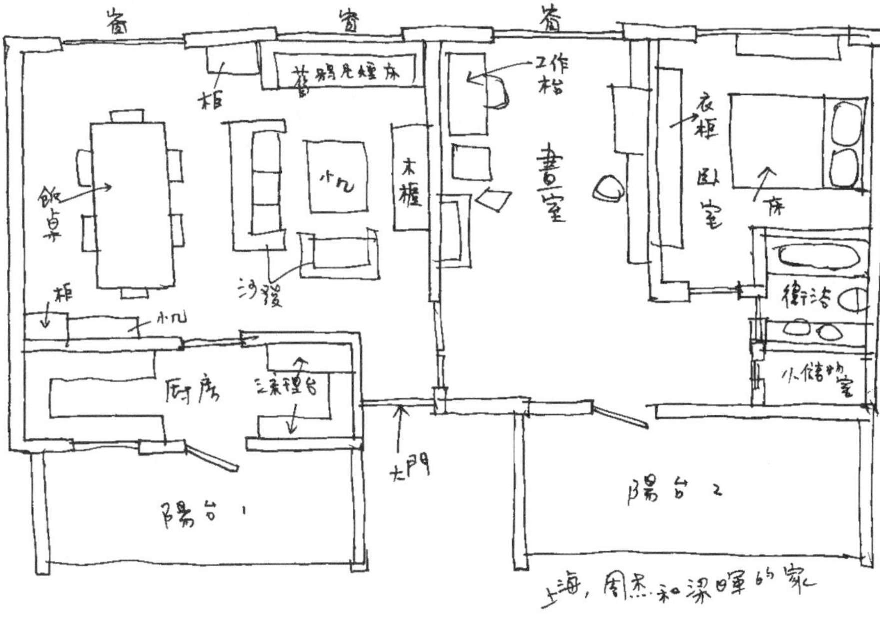

始終最愛

對待自家的專業，固然全力以赴一絲不苟，但留一方位置給自己的最愛，周杰也花盡心思。

走進他的畫室，我不禁嫉妒起來——格局寬敞，光線充分，讓創作的靈感與能量在這裡累積發放。創作人的確需要空間；抽象的思想空間與實在的工作空間，馳騁其中徘徊其中，好讓人間喜怒哀樂都在這沉澱提煉，創作，呈現的應該是生活的精華。

22～24 創作人身邊的道具，細碎凌亂的編織拼合成完整的生活。

25 自家選擇調配生活的色彩。

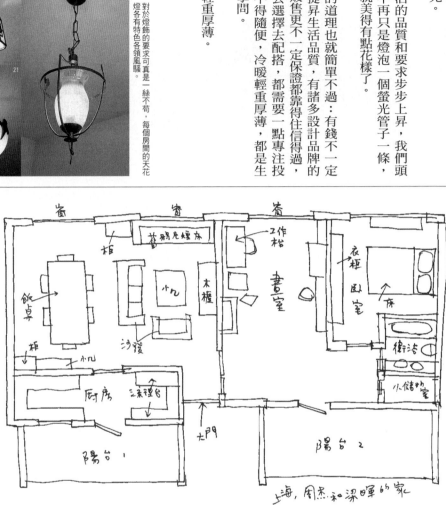

莫忘莫失

故鄉，對我們這群生於城市長於城市的，是一個又模糊又尷尬的概念。尤其是卡在歷史夾縫中的好幾代香港人，九七回歸之前實在是有家無國，返鄉是回到父執輩的錯落漂泊戰亂回憶當中，回到一個物資條件相對落後，政治經濟體系生活態度模式截然不同的社會裡，回鄉不一定能夠溝通認識了解，故鄉只是一個美麗的誤會。

所以我羨慕鄧達智，他有一個很實在的故鄉。

中國南方傳統民居的建造格局，
有三百多年歷史的這幢祖屋是香港境內少數還有家族後人在住用的。

跟他是十多年的老相識，想起來初見面就是在他的故鄉——元朗屏山鄧氏宗祠裡。那該是某年新春的一趟鄧氏祭祖聚會，族人鄉里喜慶熱鬧，以傳統盤菜廣宴親朋，皆大歡喜。身邊友儕知我饞嘴好奇，把我帶到這一片喧天的鑼鼓和鞭炮聲中，帶到這個依然努力維繫著宗族血緣的祭祀儀式裡，一些大抵只在教科書和紀錄片中看得到的場面可以切身處地的感受，這麼遠那麼近，跟九龍市區只是個多小時的車程，他的熟悉的故鄉，我的陌生的新界。

光宗耀祖

我認識的鄧達智，大家認識的鄧達智；香港時裝設計界盡領風騷的壞孩子，該是壞中年了吧，我以同齡身分笑著迫他承認，肯定會壞下去，越老越壞，他不甘示弱大笑著回應。想當年他在種種誤解異議中把二、三十年代的流行長衫把村婦勞動服便服重新演繹，又把素人書法家曾灶財的塗鴉巧妙的混入設計，更以黑社會為主題肆意發揮，在本地一片驚訝中贏得國際掌聲。當然我更留意的是作為一個寫作人，電視電台節目主持人的鄧達智，他的社會潮流觀察，設計文化評論，還有遍遊五湖四海的旅行文字，都一再顯現他的敏銳的觸覺，獨特的見地和率性的態度。

沒有包袱，他大抵不為光耀祖宗而奮發努力，他好玩，也就在這玩耍笑談中一

02 午後有陽光悄然而至，清涼世界多了一點熱鬧生氣。

03 時空轉易，太熟悉的故居舊里太多揮不去的悲喜回憶。

04 推開貼著傳統門神的朱紅大木門，進入清幽的另一個時空。

05 跨過歷史的門檻，層層內進——

06 原來故居的天井位置，加蓋了上蓋成為小房間。

07 原來是梳妝鏡台也曾成為童年時代藏寶貯物的秘密地。

步一步成就自己。他絕對有能力遠走高飛，但很明顯，他多年來用設計用文字不斷探索追求的是自身文化的根和源，揮不去捨不得是魂縈夢繞的故鄉情。

初冬午後，約好到他家裡聊天。早已放棄在市區的居所生活，他把這已有三百多年歷史的祖屋好好的整修，成為他匆匆行旅與行旅中要歸的家。一見面，他興奮的就拉著我往宗祠裡走，這幢宏偉闊落，古雅寧靜的上四百年的古老建築也就是鄧達智一個精神歸宿。

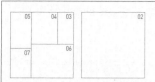

腳踏實地

回到屏山老家，鄧達智其實有很多個家。先不要說同族聚居，周圍本都是親戚一家，一是有宗祠這個精神上的硬體，二是有曾祖父，祖父，父親傳下來的三百多年祖屋，三是有母親的另一幢房子，他的起居室佔其中一層，儲物又佔了移居外地弟弟的一些空間，聽說還有第四，第五個單位，大多也成了他用來存放多年來的設計以及書刊的檔案處，他絕對是這個意義上的富家子。

與貼在門上的威武門神打了個照面，推開朱紅木門，我們走進這個已有三百多年歷史的典型的南方村落民居建築。保留得大致完整而且還一直有人在居住使用的，在這一區甚至在整個香港也成為僅有，如此說來他也就是生活在被保護

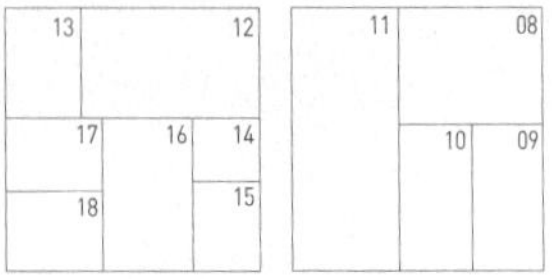

08　樓外回望正廳的格局，敬放先輩靈位的閣樓定時打掃。

09　青磚地皮的前身是更經典的麻石地。

10　清式家具在這一片淡綠的環境中別有靈秀格調。

11　故居午後，空氣中飄來盪去既有往昔也有當下。

12　面目全非的建築群中一個最古老的秘密花園。

13　每個時裝季度的構思創作，大多在這案前完成。

14　見證了家庭歷史的老照片，是世事倉促變化中定格的一瞬。

15　身邊的鍾愛，自然也是以鄉居生活為題材的木雕創作。

16　書畫之間，創作靈感源源不斷。

17　這邊的視聽資料一列排開，只是藏品中的一部份。

18　找一把又便宜又好的靠背躺椅好好的坐。

的文物古蹟當中，我笑說他也其實應該成為被保護動物。

「的確有很多政府單位民間文化組織在打我的主意呢」，他笑著說。從古跡古物的部門主管，到旅遊發展局的官員，以至研究香港歷史的學者，關心文化承傳的朋友，都先後主動到此，聊起這裡的鄉風習俗，聊起屋簷下山野間河溪旁的他的童年往事，個人的回憶在這裡成為珍貴的歷史，這裡的一几一椅一磚一瓦也因此帶上一抹傳奇。奔波倉促不由自主的都市生活忽然叫人醒覺到要有自家的根源歷史來安心定位，鄧達智很積極的成為這口述歷史的一份子，也願意有一天把這幢祖屋的使用權交到文物保護單位手中，只有這樣，家族的歷史才有現實的意義。

在這個鋪滿淡青地磚的古老空間裡，一切故舊雅緻傢具都是那麼自然協調，這裡沒有什麼價值連城的古董珍藏，卻都是生活日常的片斷細碎：隨手撿來的山石，拙樸的陶瓶土罐，友人相贈的字畫，民間的刺繡掛帳，各有來處，也彷彿本就屬於這裡。午後一室幽涼，陽光從窗外投射半壁，光影中新舊回憶重疊，兒時的歡聲笑語猶在耳邊，每個人有每個人的離家的回家的原因。

踏著那吱吱喀喀的木樓梯，經過閣樓轉上天台屋頂。這是個後來加建的部份，原來是室內的天井。小小平台種滿了母

親悉心照料的花草植物，傳統建築的「鑊耳屋」結構在這裡看得最清楚。他給我看他在七十年代初期，上中學擁有第一部相機時拍的一張老照片，同樣的這個位置，那個少年初夏的早晨拍下的這個景象，是屏山明清故建築群的最後存照，莫忘莫失，不捨不棄。

兒時我們在家裡都習慣不穿鞋，他緩緩跟我說，踏在清涼的麻石地上，踏在自己的家裡，自己的地上——

我有我夢

天色已黃昏，我們又到了他另一個家，這是他日常作息的空間，是他聽音樂看書看影碟，是他構思設計的工作間。

一列一列的層架，滿滿是靈感和素養所在。我在好奇的東看西看，跟誰拍的一張照片？哪裡買來的精緻木雕？誰給你畫的一張肖像？為什麼這篇稿寫了一半還未寫完？這麼穩實粗壯的竹製傢具是在哪裡買？在一個多年老友的家裡遊蕩，也就有這樣那樣的私家樂趣。

他開放，他願意把自己的經驗和回憶拿出來，透過設計透過文字透過日常言行，和大家分享這一份其實是共同擁有的過去和現在。越是清楚了解認識自己的根，就越有能力越有信心鍛鍊自己的羽翼，在想像的現實的時空中飛得越遠，偶爾飛得累了，回家好好躺下，繼續飛行的夢。

正廳一隅，有後來添置的雕花畫玩櫃及雲石面小几小椅。

20　四百多年歷史的鄧氏宗祠，既是家族祭祀祖先，鄉里社交活動，子侄教育的中心，當然也成為文物保護重點。

愉悅與痛惜

作為政府重點古跡保護的鄧氏宗祠，是元朗屏山文物徑其中一個開放給假日遊人參觀的景點。洪聖宮，覲廷書室，愈喬二公祠，聚星樓等等古跡，對於鄧氏後裔來說，該是先輩社教生活的一些值得懷緬的場所，其意義不止在成為又一個景點。而政府有關單位後知後覺的文物保護維修，相對於失控的河道污染社區遷拆發展，土地政策淆亂等等根本的破壞性的不負責行為，鄧達智作為原居民一份子，看在眼裡痛在心裡。相對自小生活在都市的鋼筋水泥森林的我們，他更清楚大自然本來面貌，更能從中得到愉悅，也更對被扭曲的損害的生態痛惜。

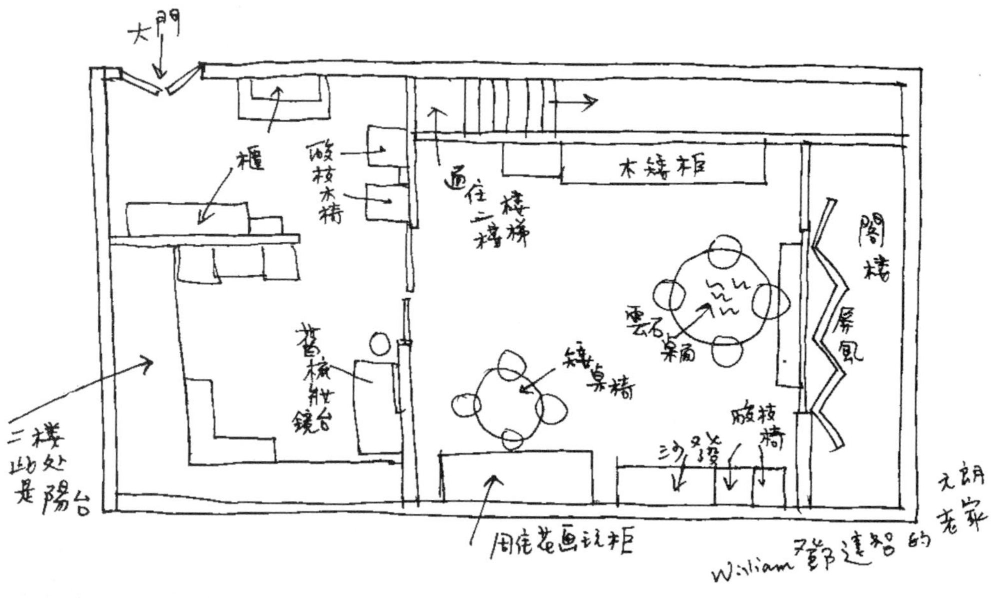

似水流年

我們都開始知道，有點年紀是什麼感覺。

可以坐下來談到的當年今日，有熱熾猶新的有淡漠空白的，分明都層層疊疊，一不留神，我跟他說，十年，二十年，就如此這般過去——

過去何嘗不是一種到來，掛牆大鐘當年到來的那一刻是流行的款式，青白格階磚地更在昔日家家戶戶叱吒一時，懂得如何光彩的到來，選擇如何恰當的過去，攻與守，進與退，咦，扯得有點遠了。

21　時間的河，慢慢的流。

22　單是地階紋樣已經可以敘述一個消逝的年代。

廚房舞台

今天我們做的是檸檬烤雞。

首先我們用鹽巴和胡椒來跟這從市場新鮮買回來的頗有份量的肥雞按摩按摩，然後風乾一下。接著把原汁檸檬在表皮上打洞，連大蒜和迷迭香草塞進雞裡，再把紅蘿蔔洋蔥馬鈴薯等配菜切好，放進烤盆裡肥雞的旁邊，淋上適量橄欖油，烤爐一百八十度預熱一下，正式烤它半小時，看看熟了沒有焦香了沒有——

我愛廚房，爐灶旁的「觀眾席」也就是觥籌交錯的熱鬧的舞台中心。

這個廚房的精彩出品當然不只檸檬烤雞，記憶所及，我在許心怡和施舜晟這個家和從前的家，分別在早晨，中午，晚上及深宵，先後吃過擺滿一桌的冷熱現做小菜伴地瓜粥，蘋果派配上好咖啡，大蝦冬蔭功湯，各式意大利麵，比路邊攤還要路邊攤的貢丸湯，米粉湯，肉粽，肉圓，還有傳說中眾口稱頌的自家秘製麻辣鍋，現做燒餅現烤月餅，……餓了，要在溫暖的家的環境和氣氛裡吃頓好的，就來這裡。人少的時候可以靜靜的聽著音樂喝著紅酒，更常見的是人多熱鬧，心怡在大家都看得見的廚房裡好像不費力氣的左弄弄右弄弄，變出一盤又一盤的美味，飽了吃不下還可以帶走——其實大家常常都賴著不走，這裡不僅是個開放廚房，旁邊還有足夠把你團團圍住的好書好雜誌，有坐得舒舒服服的木頭單椅和扶手籐椅，有上佳音響器材上好爵士樂古典樂，有濃的酒香的咖啡，有老朋友的默契新相識的興奮，暖暖和和擁擁擠擠，家的感覺在這裡更立體更全面。

傳說中的麻辣窩

麻辣窩，私房秘方的不一樣的麻辣窩。

一批又一批朋友進來，吃到飽，從傍晚六點半吃到凌晨四點，夠誇張了吧。我錯過當日盛會，但在聽心怡笑著憶述當日大夥兒怎麼一下就吃掉了滿滿十二盤肉，還有其他的料，尤其精彩的是熬出那窩要命的湯底的過程，我簡直聽得目

02　落地玻璃大窗，把清晨陽光和滿園綠意欣然引進屋內。

03　誰躲在誰後面？誰一馬當先站出來？在這裡公平開放的小天地裡，都沒問題。

04　再忙也要好好的照顧盆栽植物，爭取和自然多一點接近。

05　獨立的兩層樓房，難得還有門前的院子和蒼翠綠樹。

06　閒適隨意，生活當中常常有動人的顏色和畫面。

瞪口呆心花怒放。

還是久居重慶的姑姑傳授的秘技：先炸一鍋新鮮豬油，把飄洋過海（其實是空運）來的道地豆瓣醬，甜酒釀，新鮮辣椒，乾辣椒，花椒一併放進炒它三十到四十五分鐘，心怡的改良版還放一點玉桂枝，別有幽香。廚房裡香的辣的嗆的簡直就是個火藥庫，材料炒好後與另一鍋用牛骨頭熬出來的清湯混在一起，再熬它五十分鐘，然後放入鴨血和豆腐，用悶火一直一直在燒。大伙各就位，辣紅了臉辣得冒汗還是不停的吃，心怡在廚房忙完了，一邊喝著冰紅茶一邊跑去挑一張更激情的南美音樂放在唱盤上，火上加油。

心怡十七歲那年，一個小女孩在廚房裡弄出兩桌大酒席，都是湖南傳統宴客菜式：連窩羊肉，珍珠丸子，玉蘭片，散翅羹，鹹芋泥，有豬肝泥的蛋花湯……做大廚的父親那年左手中風，活動不很方便，就站在廚房裡在心怡背後指點，給了她一個「上位」機會。

其實心怡早就把傳培梅的食譜幾乎全背了，掌握了基本原則之後就開始挑剔，決意不做書中勾芡太多的漂亮菜，還是自家發明創新的家常菜比較有趣。她從最愛的南門市場的乾貨濕貨攤子一直逛到紐約的大型超市，在五花八門千奇百怪的飲食材料配料和調味香料中興奮不已。買菜做菜這個變化多端又乾淨俐落的

日常動作，讓一家人一票摯友都吃得滿足吃得高興，收穫最大的其實是心怡自己。

穿上圍裙走入廚房，心怡有她的原則：一是把這個動作永遠保留作興趣不要當職業，否則樂趣全無。小時候父親一度經營自家小餐館，那段日子太累太計算，終於發覺廚房還是在家裡最好。二是在家裡吃吃喝喝不要講究排場佈置。高檔碗碟餐具系列成套，賓客正襟危坐談吐優雅的場面在這裡是不會出現的。回到家裡就得隨意放鬆，施媽媽做的陶瓷手工盤子盛滿的鮮蝦意大利麵一上桌就吃光了，就再來做一盤別的，弄個半現成冬蔭功湯也不錯——心怡當然知道什麼是Fine Dinning精緻飲食，但她更樂於發明創新，特別是用半現成的生食熟食變出又快又好的菜式；即食水餃有十種或以上的吃法，罐頭湯料做海鮮焗飯，還有啤酒雞可樂雞等等學生食譜，大小通吃，當然高級一點有親手做的燒餅，現烤的用蓮蓉包著QQ的藕粉團做餡餅的月餅，綠茶跟黑芝麻在一起也很不錯，那回一個下午做好二百多個月餅新鮮熱辣大派街坊，算是破了個紀錄。

不要誤會心怡是一天到晚守著廚房的乖乖主婦，清華中文系畢業，幾年媒體經驗後再到紐約進修媒體研究，從報紙雜誌到電視台，從資深記者到專欄作家，現在是著名女性雜誌的當家總編。工作是工作，廚房是廚房，家是家，當中關

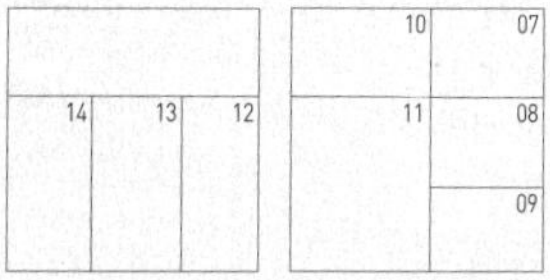

07　一地陽光一室音樂，一進家門就把外頭的煩俗暫且放下。

08　這裡沒有高檔大師經典傢具，也從不為炫耀佈置刻意雕琢，在混亂之前隨便收拾一下，生活本就這樣。

09　進門後這個空間功能開放，說它是工作室，書房，客廳，遊樂場都可以。

10　他買的書她買的書，堆在一起都是好看的書。

11　牆上掛的木頭杯櫃，當然又是男主人的傑作。

12　施老師最愛親力親為木工手作，柱子三面就自然成了存取方便的CD架。

13　一床熱熱鬧鬧的顏色，高興就是高興。

14　樓下客用的小小衛生間，簡單細緻。

係微妙，爭分奪秒又互為平衡補足，但心怡強調的是，隨著年齡和經驗的增長累積，從前在外頭，在意的力爭的已經沒有意義，工作報酬只是衡量一個人成績的外在標準，最重要是自覺是否在做有趣的好玩的想做的事，生活的感覺，居家的品質現在最為看重。一向樂觀的心怡笑著認真的說，累壞之前身體會作出警告，總不能出去玩的時候是最老的一個，看醫生的時候卻是病房中最年輕的。

剖柚子的老師

施舜晟施老師，我們其實常常叫他施同學。

這位同學正在為大家剖開一個柚子，頓時清香滿桌，急不及待柚肉入口，甜脆多汁。施媽媽在旁跟我們解說最好的白柚是麻豆文旦，柚肉最好蘸醬油吃——如此說來我記起小時候外婆也這樣教我們吃柚子，蘸的還是稠稠如膏的極品的醬油。

家裡的廚房是心怡的舞台，施老師的舞台是真正的有歌有舞有戲有劇的舞台。早年唸的是文化大學戲劇系，是學校裡話劇社的社長，活躍於舞台幕後。退役後開始在藝術學院當助教，兼任校內大型演出的舞台監督。一路下來舞台就是另一個家，而且不是隨隨便便開燈關燈放把椅子放張桌子的家。舞台是一個重視技術的絕對專業的家，需要大量的人力資源時間配合，必需按部就班，穩紮穩打。施老師認定了自己要走的路，在耶魯大學戲劇系再進修三年，專攻舞台技術，回來後一直任教藝術學院，近年更成為台大戲劇系的老師，用心用力培養新一代的舞台工作者。

施老師笑著承認自己是嚴格得有點「保守」的人，堅持技術必須與創作同步，穩妥配合，但看來他在設計安排自己的家居生活空間的時候，卻的確比較輕鬆自在的放得下專業身段，得心應手的安排出一個舒服有趣的起居環境，當然，廚房餐桌，還是聚光焦點所在。

位於信義區靠山邊的一幢老房子，原本是老師一個朋友的老家。有點傳奇的相互「交換」了房子之後（這個精彩故事有機會再說！），老師就計劃把這裡簡單而又細緻的重新規劃間格。由於太清楚了解自家兩人包括別家好友的需要和習慣，室外留住了老樹增添了大盤小盤的綠，室內地下一層基本是開放的兩大區域，樓上是臥室和衛浴。其實這裡還有窄長的後花園，天台頂層也曾經有過加蓋的想法。施老師確認了自己一向對家居室內的專注，即使是學生時代南北搬來搬去，小小一個房間也要「像樣」，用最省錢的方法最沒裝潢也會把宿舍變成樓中樓，玩玩空間結構。如今面前有這樣一個空間，自然更玩得順心愜意，有了好的室內骨骼，其他的生活細節日常遊戲就更順更自然。

水泥樓梯髹上清漆，樸樸素素是這裡的基調；梯間乾乾淨淨，放了幾張小畫點綴生氣。

還有那香香的酥酥的——

我們怎樣也叫不出我們在吃的那香香酥酥的究竟正式叫什麼名字。軟軟的烙好的麵粉皮，包著花生酥，香菜，麥芽糖，該還有一點芝麻吧，自成一卷厚厚的放進口，一口酥香。

小時候外婆做得最好吃，電影院門前買來的也不錯，如今難得有人還在做這個賣，買了在家裡得趕快吃，潮了就不好——由愛吃開始，也因為愛吃，可以一直維持這種互相呵護接受，共同成長的感情／家居關係。心怡自小跟著到處跑的大廚父親，家是一隻隨身的皮箱，吃得飽就好，反正也對家的穩固在地的狀態沒有固執堅持，自小在高雄眷村長大的施同學愛家戀家，但也隨時準備上路出發，找尋一個新的家的環境和感覺。就是因為知道拿得起放得下，就更加珍惜，面前胼手胝足立室成家的這個經驗，經驗有天會變成回憶，回憶總是美味的。

男人在家

男人大丈夫，可以志在四方，也可以留在家裡。

我跟施老師說，做老師真好，起碼可以有寒假，暑假，一年裡頭好像有很多「額外」的時間可以花，花得起，像年輕的學生一樣。

老師微微笑，不回答我這個蠢問題，其實要放假，說自己生病也可以留在家裡，留在家裡可以做的事也實在太多，放假真的不用一味往外跑。家裡的各種水電土木工程，廚房裡的大江南北甜酸苦辣，院子裡的花草樹木四季枯榮，還有作為一個男人的情感上生活中的糾纏與果斷，暴烈與溫柔……

16＋19 廚房可不是男人禁地，今天施老師當副廚。

17 隨時隨地，提筆把面前環境和感覺記錄，日常功課有如呼吸。

18 發燒程度第幾級？

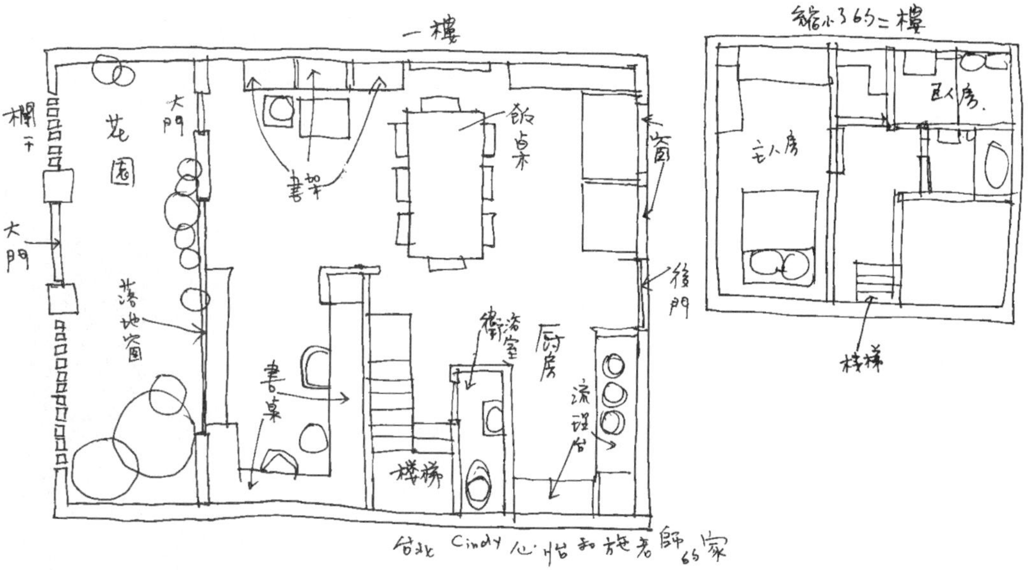

歡樂食堂

一通電話，跟食堂的男女主人說，我們要來吃喝。

有這樣爽快直接的朋友，真糟糕也真快樂。藉口分享，當然就可以登堂入室，像回到家裡一樣坐著躺著，等餐桌上堆滿一道又一道精采美味的甜點主菜前菜零食，對，這個食堂是沒有一般上菜的程序的，菜做好了就吃，菜未做好也會被搶吃偷吃，快樂沒規矩，作為食客的最懂得。

20 大家高興，中午也來一小杯。

21 又快又好吃又好看，蕃茄大蝦意大利麵和檸檬烤雞，心怡的隨手家常本領。

22 主廚出動，今天要搬出團體菜食譜，滿足十個大人小孩的饞嘴需要。

23 幾家老友聚首，笑談吃喝，是這裡慣常的場面。

鄉土來去

許多許多年之後，我想我還是會清楚的記得這一個傍晚這一個場景這一個畫面。

北京城北郊燕山腳下，京密引水渠旁，桃花塢風景區中的小小一個村落叫做上苑。才下午四五點，天已全黑，室外攝氏零下五度，友人帶著我，從這一家到那一戶，先打招呼道明來意，探訪的都是畫家，雕塑家，藝評人，收藏家，詩人，學者的工作和生活的家。最後我們在嚴寒中推開一道冰冷的鐵門，走過一片空空的菜地，昏暗中面前有單獨一幢窄長的平房，走近當中一個門縫透出燈光的門口，掀起厚厚的擋風門帳，面前滿眼是盛夏的綠——

兒時的路，鄉野的路，通往藝術追求的另一個境界。

綠得滿田滿隴，綠得毫無保留，綠得叫人亢奮叫人動容，是因為久居城市的我對郊外的綠有一種情意結？何況面前的綠是如此具體如此真確，菜地裡茁壯的，田野間茂盛的，有機的生長中的綠，是畫家韓旭成致力在畫面中呈現的一種鄉居生活的情景狀態。面前大幅大幅系列油畫作品都是以農地為題材，對，不是收割好的菜蔬乖乖的放在桌上靜物寫生，卻是以肥沃厚實的土地作為背景現場，純樸寫實自然，也不必深究這裡那裡象徵什麼暗喻什麼，豆角是豆角，黃瓜是黃瓜，沒有下化肥種出來的玉米特別清甜——固然室內有暖氣暖著身子，最叫人心裡暖和穩妥是田野間盈眼的綠。

情繫田野

在這個聚居了幾十戶藝術家創作人的京郊村落中，韓旭成算是「新移民」。二〇〇〇年三月他先搬來，八月再把兩個孩子從河北老家邯鄲接到這裡，租下了面向一大片菜地和魚塘的一幢平房，在這裡重新建立一個屬於自己和孩子們的家。

旭成的畫室旁邊的小小臥室裡，壁上掛著是他自家寫的一幅字，大筆疾書「人間何處有真情」——這是一個他的發問，也是一個思考吧。作為一個藝術家，藝術創作的追求無邊際無止境，隨心隨意，但作為一個確切的生活在當今現實中的人，他必須面對的是生活，是工作，是感情關係，是對父母，對兒女的責任。

02 腳踏實地開步走，累了當然有車代步。

03 租來一幢簡單平房，居家和畫室，藝術與生活，緊緊結合。

04 回歸鄉土，重新出發，韓旭成懷著一顆赤子之心此刻有的更是坦蕩與寬容。

05 畫室一角是客人來訪安坐的沙發，有茶有煙，天南地北。

06 實實在在的田間景致，就在門外，也在面前。

07 另闢一室陳列作品，面前系列作品是韓旭成一年來的心路歷程。

跟藝術家們把酒言歡風花雪月固然是人生樂事，但更願意深入認識了解他們如何日常地生活，如何處理藝術理想與現實利益的衝突，如何平衡如何妥協，又如何再面對自己挑戰自己。

他有過一段不如意的婚姻經驗，以離婚結束並由他主動爭取兩個子女的撫養權，為的是「讓她可以更好的開始新的生活」，他一臉認真的說。他有過生意失敗的經驗，本來打算讓經濟收入充裕家庭穩定之後，才再開始投入他自小沉迷的繪畫創作中，怎知他投資經營的廢鋼生意前景暗淡，撐下不去。處處碰壁，旭成一度想過要出家，但始終放不下是一對小兒女。路，還是要崎嶇起伏的一步一步走下去，「人間何處有真情」？畢竟他最清楚了解，還是繪畫的過程最能撫平他心裡種種不安不快，唯是創作才能更貼近自己的本來。

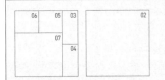

選擇搬到這裡遠離繁華鬧市的「邊沿」地帶，一方面是能夠減輕日常開支，以最簡單的方法樸素的生活，另方面是村前村後都有藝術圈中的哥兒們，同路一家人相互扶持照應。

新家安頓下來，旭成一直在心中盤算蘊釀怎樣再重新踏出藝術創作上的另一步。當今現代藝術圈中沸沸揚揚的熱衷的是抽象是概念是裝置，但對旭成來說這真的是他要說的話嗎？本就來自農村的他，

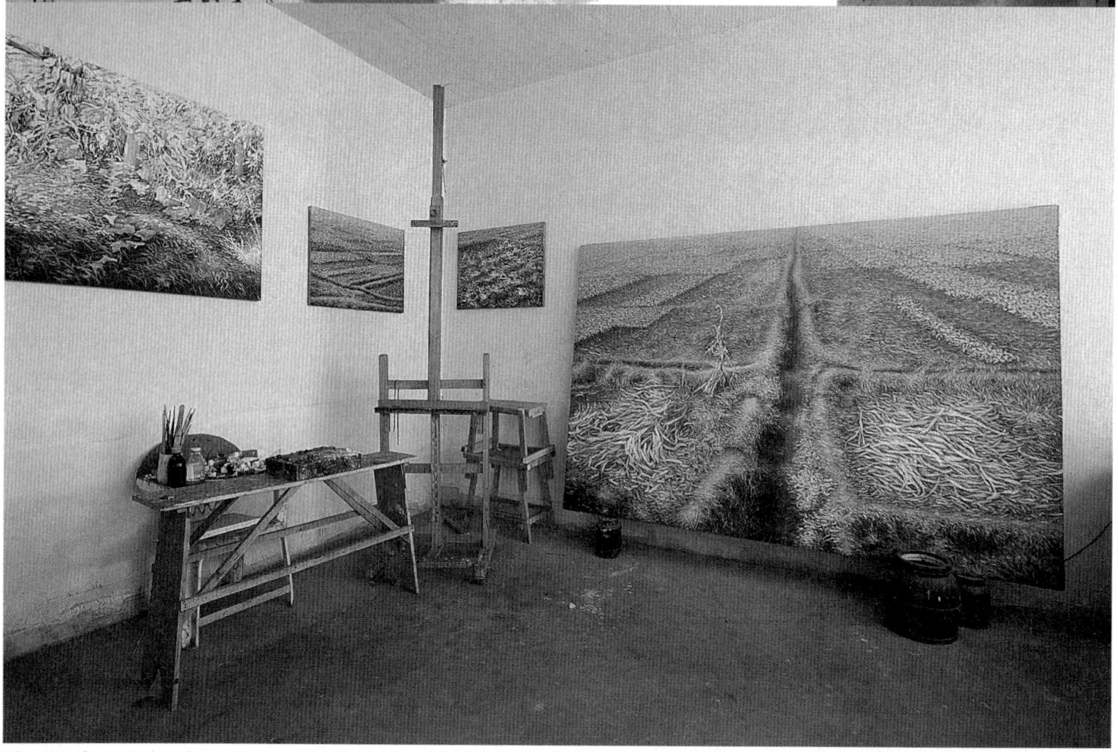

自小看著作為大隊支書的父親工餘能寫能畫，從來喜歡自家塗塗畫畫的他高中畢業後就一心投考美術專科，可惜一直沒有考上。後來他在邯鄲市的群眾藝術館學習班修業，也曾一個人背著一百三十斤行李（當中包括厚厚畫紙超重畫具！）口袋裡只有二百多塊，南下流浪至四川雲南，一路觀察寫生。說起那些浪蕩的肆意豁出去的年輕歲月，旭成眼裡還是閃著興奮的光。

然而一路風風雨雨，世界不一樣了，自己也不一樣了，唯是當中未曾改變的，也許應該說是回過頭來重新發現認識的，是那叫人可以腳踏實地的鄉間泥土，是農地裡茁壯茂盛的蔬果作物，兒時熟悉不過的如今又再次就在家門前，眼前不只是可以入畫的風景，根本就是內容主題，是創作方向是不老情懷。情繫田野，綠意盎然，並不是城裡人偶爾來郊外散散心過一天半天田園生活，旭成選擇的是以這裡為家，從這裡再出發，真心確意繪畫自己有所觸有所感的一年四季生死枯榮，也就是這麼簡單，就是以震撼在他的畫作前被懾住了的我。

無所求有所得

在他的工作案頭看到幾張老照片，黑白照是當年浪遊的不羈少年，彩色照是營商時期白色西裝畢挺風流倜儻。跟我面前的沉實敦厚的他，相互引證對照，能夠如此更接近一個新相識的朋友，這是

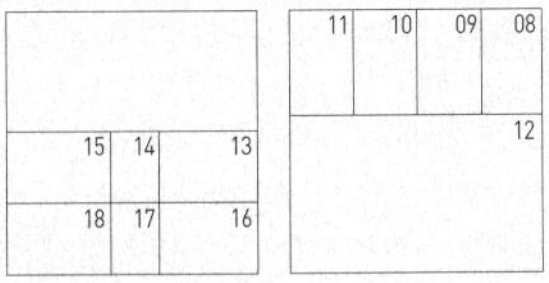

08　油畫創作之外，不忘勤奮筆墨功夫。

09+10　日常作畫器物，不經意都有情知人意。

11　煙抽得有點兇，包裝紙成了便條紙。

12　用心用力，調出一年四季好顏色。

13　簡單床鋪，累了就睡，無所求，有所得。

14　兩杯暖暖清茶，悠悠幾根煙——

15　臥室另一端是靠窗的書桌，小小書房案前為創作做好知性的吸收。

16　貯物間堆滿是用作燃料的枯枝與煤磚。

17　節約就是好，自家製天線接收器，功能無損。

18　還有一室用作貯存畫架畫具材料。

我的幸運——

其實冒昧的闖進別人的家，觸及的目睹的都是實實在在的日常。尤其這幢簡單不過的平房，房間就是一間接一間的排開，有點像小時課堂的感覺：當中有畫室有畫廊，有自家和孩子分別的臥室，有廚房衛浴，有貯畫具，柴枝煤磚等燃料的貯物間。嘗試用學術的理論的一套去區分什麼形式追隨功能又或互換都顯得無聊。這裡就是生活本身，有限的資源，簡單快樂的，活得好好的。

這裡有自製的電視接收天線，有把煙包拆開來當便條紙，孩子臥室的小玩具散掛在牆上有如某某藝術館裡面大師的藝術裝置，牆上隨意掛的風乾了的玉米，絲瓜都美的大方磊落，就連冬日的陽光在地上這端爬到那端，都煞是好看——因為這裡沒有雕飾，沒有炫耀，這裡的簡約不是小家子氣的久經設計推敲的，率直坦蕩就是如此，我折服我慚愧我感動，在二度打擾的一個依然嚴寒但陽光燦爛的冬日早上。

午飯時間喝二鍋頭我是頭一遭，村裡的小飯館下酒小菜竟然不錯。我告訴旭成我肯定會再來：在初春，在盛暑，在深秋，更不怕寒冷冬日，期盼面前出現的是畫中的田野中的可愛的盈眼的綠，鄉土來去，人情依舊，因緣結緣，我慶幸遇上。

廚灶也是簡單方便的配備，每天清早，
父親都先起床為孩子準備上課前的早飯。

世界真大

孩子們上學去了，我走進兩姊弟的小房間裡。一如其他孩子的私家地方，快樂的混亂。

跟著爸爸，從城裡到鄉下來，習慣嗎。開心嗎，我問，她和他靦腆又率真的回答。其實孩子們最容易適應，最容易在自我構建的空間裡快活。只要給他們她們適當的關心照料，不必有太多規矩限制，讓孩子們自己認識發現，探索，想像，明天更好，一如世界真的很大。

20 小小地球儀轉呀轉，天大地大等著孩子去闖蕩。

21 姊弟共處一室共用一張書桌，牆上貼滿彩色畫片和學校獎狀。父親為這簡陋的居住條件耿耿於懷，但孩子有慈父在身邊已很滿足快樂。

22 孩子的臥室，牆上散掛著心愛玩具。

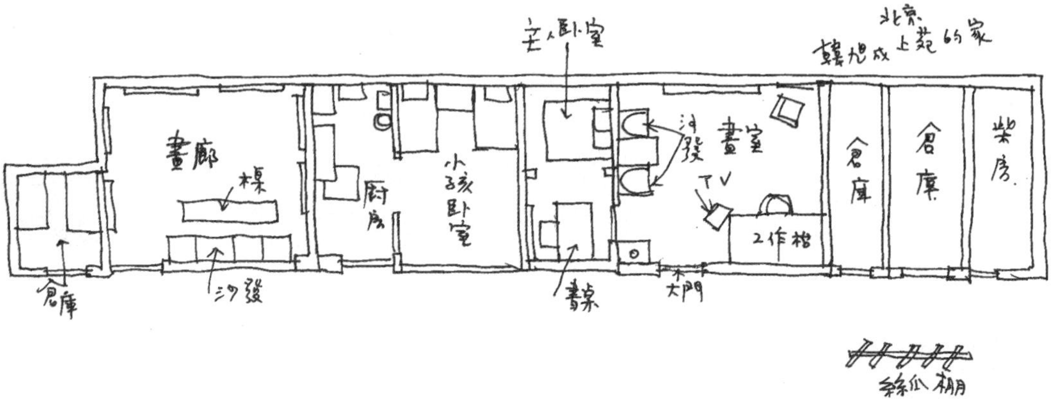

生活裝置

就像小時候看的聽的童話故事一樣，我聽旭成在述說去年那一棚絲瓜長得前所未有的多壯多大，就掛著讓它風乾了，跟那實在飽滿漂亮的玉米隨意就放在那裡，不經意，就成了好事的城裡人眼中的裝置藝術。

坦蕩蕩，生活就如此這般的陳列，好好壞壞，都不怕給自己讓人家看到，一路走過來，還是自己最懂得什麼叫親叫愛，自己最應該照顧自己。

23 冬日禿禿的菜地，想像春夏的油綠。

24 超長的絲瓜，如蜜的柿子，鄉間生活，自然的美。

25 鄉土來去，相信自己的選擇。

26 走過浪蕩的日子，今日回首，悲喜都是人間經驗。

後記

如何敲門，原來是個學問。

並非有什麼秘技，最需要的是誠懇。無論如何專業，我也沒有把家訪當作工作，就讓它還原為一種往來對話，一點好奇八卦，一個發問一個回應。家事從來瑣碎，也因此趣味盎然——實在感激每一個把家門打開把我好好款待的朋友，有好菜有好酒，斗室天地寬，過去現在將來，談得興起，希望這面前的圖文記錄可以補捉和呈現當日的驚喜感覺。

而當每次在朋友家裡談得天南地北，攝影師小包就開始以他的細密心思與角度，把面前的空間佈置，具體而微的記錄演繹，能夠圖文並茂，不能沒有路上這位知心好拍檔。

在此實在感謝黎智英先生和裴偉先生，促成這原來是周刊專欄的一批作品，也感謝大塊文化在編輯結集成書以來的鼓勵和協力。

為本書設計製作花盡心思的浚良和千山，能夠跟他們一起合作較量切磋實在刺激，一路上安排提點的拍檔兄弟H和留守家裡的總指揮M，是我要上路和要回家的主要原因。

應霽　二○○二年十一月

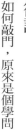

國家圖書館出版品預行編目資料

回家真好／歐陽應霽著.-- 初版-- 臺北市：
大塊文化，2002 [民 91]
面；　公分.（home 01）
ISBN 986-7975-62-6（平裝）

1. 家庭佈置--文集

422.3　　　　　　91020511

LOCUS
Spica
Algorab
Gienah
HYDRA
CORVUS
Minkar
Alkes
Alphard
Kraz
Alchiba
ANTLIA
Menkent
CENTAURUS
Omega
CRUX
Gacrux
VELA
Al Suhail
LUPUS
Mimosa
Markeb
PUPPIS
Hadar
Jewel
Box
Acrux
Turels
Naos
Rigel
Kentaurus
Suhail al Muhlif
Avior
MUSCA
CARINA
Miaplacidus
TRIANGULUM
AUSTRALIS
VOLANS
Canopus
Sargas
Atria
Large Magellanic
Cloud
ARA
OCTANS
Beta Pictoris
HYDRUS
DORADO
CIRCINUS
PAVO
47 Tucani
CORONA
AUSTRALIS
Small Magellanic
Cloud
Peacock
Achernar
TUCANA
Acamar
Alnair
GRUS
Ankaa
PHOENIX
PISCIS
AUSTRINUS
Fomalhaut
SCULPTOR
CETUS
Skat

Zosma
COMA BERENICES
Algieba
Mufrid
Adhafera
Alterf
Ras Elased
CANES VENATICI
Cor Caroli
LEO MINOR
Seginus
LYNX
URSA MAIOR
Alkaid
Phecda
Merak
Alioth
Nekkar
Pollux
Megrez
Mizar and Alcor
Castor
Dubhe
Thuban
Edasich
Kochab
Pherkad
DRACO
URSA MINOR
Rastaban
AURIGA
Menkalinen
Grumium
Eltanin
Capella
Alrai
CEPHEUS
Alfirk
CAMELOPARDALIS
Alderamin
Segin
Mirfak
California Nebula
Ruchbah
Deneb
Cih
Perseus Double Cluster
PERSEUS
Caph
Menkib
Schedar
Algol
CASSIOPEIA
North America Nebula
Pleiades Cluster
Alamak
ANDROMEDA
Andromeda Galaxy
LACERTA
TRIANGULUM
Mirach
Matar
Motallah
Hamal
Alpheratz
Scheat
Sabalbari
ARIES
Sheratan
PEGASUS
Markab

LOCUS

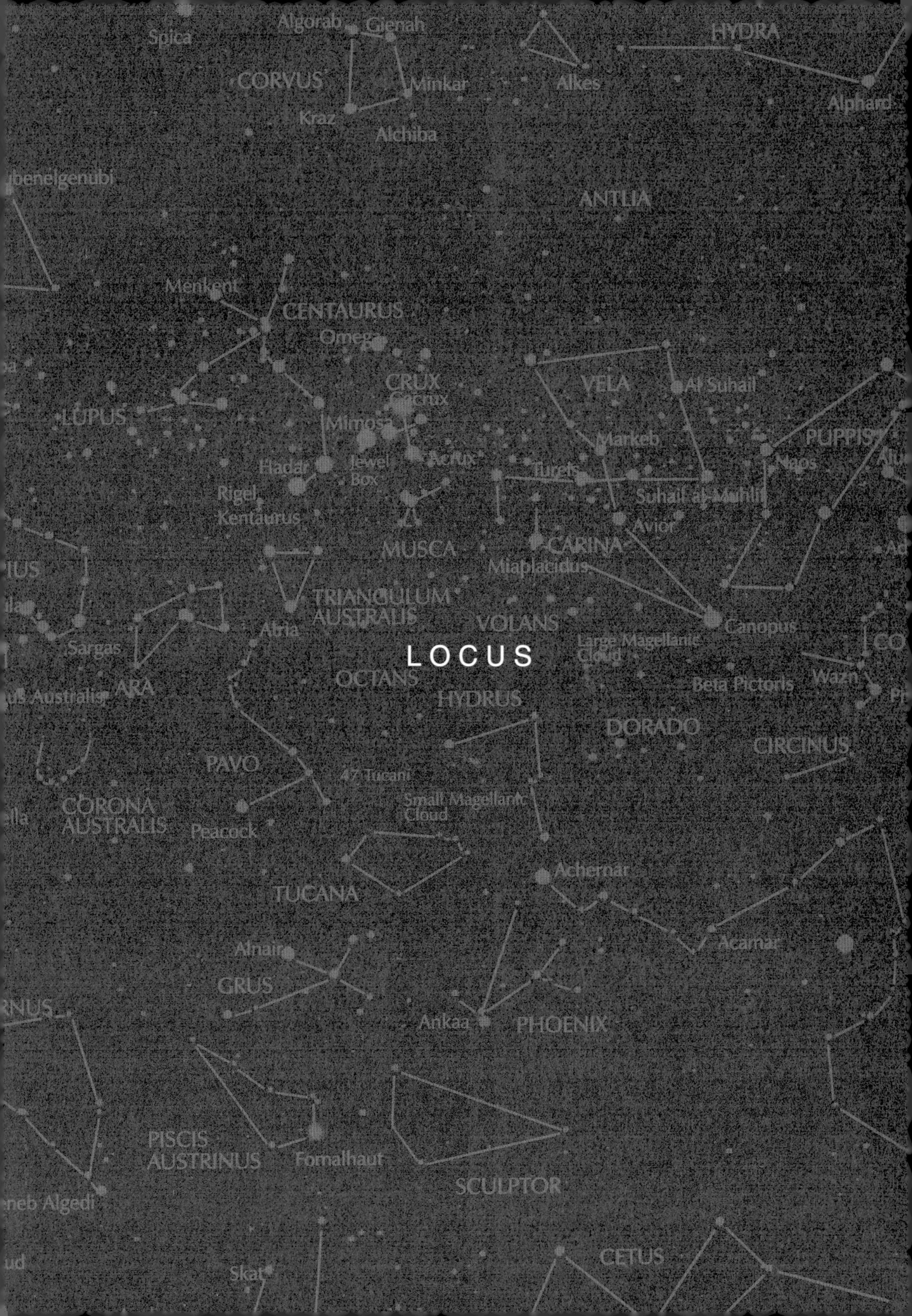
Algorab
Gienah
Spica
HYDRA
CORVUS
Minkar
Alkes
Alphard
Kraz
Alchiba
ANTLIA
Menkent
CENTAURUS
Omega
CRUX
Gacrux
VELA
Al Suhail
LUPUS
Mimosa
Markeb
PUPPIS
Naos
Hadar
Jewel Box
Acrux
Turels
Rigel Kentaurus
Suhail al Muhlif
Avior
MUSCA
CARINA
Miaplacidus
TRIANGULUM AUSTRALIS
Atria
VOLANS
Canopus
Large Magellanic Cloud
Sargas
ARA
OCTANS
HYDRUS
Beta Pictoris
Wazn
DORADO
CIRCINUS
PAVO
47 Tucani
CORONA AUSTRALIS
Peacock
Small Magellanic Cloud
Achernar
TUCANA
Acamar
Alnair
GRUS
Ankaa
PHOENIX
PISCIS AUSTRINUS
Fomalhaut
SCULPTOR
CETUS
Skat
LOCUS

Zosma
COMA BERENICES
Algieba
Mufrid
Arcturus
Adhafera
Alterf
Ras Elased
CANES VENATICI
Cor Caroli
Izar
LEO MINOR
Seginus
URSA MAJOR
Alkaid
Phecda
LYNX
Merak
Alioth
Nekkar
Pollux
Megrez
Mizar and Alcor
Castor
Dubhe
Thuban
Edasich
Kochab
Pherkad
DRACO
URSA MINOR
Rastaban
AURIGA
Menkalinen
Grumium
Eltanin
LOCUS
Capella
Vega
Alrai
CEPHEUS
Alfirk
CAMELOPARDALIS
Segin
Alderamin
Mirfak
Ruchbah
Deneb
Sadr
California Nebula
Gih
Perseus Double Cluster
Caph
PERSEUS
Menkib
Schedar
North America Nebula
Algol
CASSIOPEIA
Pleiades Cluster
Alamak
ANDROMEDA
Andromeda Galaxy
LACERTA
TRIANGULUM
Mirach
Matar
Motallah
Alpheratz
Scheat
Hamal
Sabalbari
ARIES
Sheratan
PEGASUS
Markab